生态文明建设与
城市可持续发展路径研究

曹 孜 著

人 民 出 版 社

目　录

第一章　生态文明的科学内涵与建设方案

21 世纪以来，生态文明是管理层和学术界提及较多的社会建设目标。作为一种新的文明方式，生态文明要求人类以更加包容与平等的态度对待自己所生活的世界，在对自然环境进行索取与破坏的同时，以生态平衡为准则对其进行保护和修复。生态文明最先被学者和民间环保团体提及，例如生态文明的理论基础之一的生态伦理被学者广为推崇和讨论，环保主义者的环保思想和行为推动了生态文明在西方国家的具体实践。实际上，生态文明的思想早已体现在中国悠久的历史文化传统中，古代儒家、道家、佛家都分别具备“天人合一”“道法自然”“众生平等”的生态思想。马克思主义是近现代带领中华民族走出灾难深重历史泥潭的科学思想，其创始人马克思和恩格斯在分析批判资本主义对人和自然割裂的同时，创建了促进可持续物质循环的“马克思主义生态观”，提出人是自然的一部分，只有在尊重自然规律的前提下，人类才可能发挥主观能动性并实现真正的自由。① 从 20 世纪中后期开始，随着工业化、城镇化带来的环境负效应逐渐凸显，生态环境问题得到政府管理部门的广泛重视，作为一种新的发展理念同科学发展观、两型社会、和谐社会一脉相承，是对公众提出的新的思想规范和行为准则。

近些年来，生态文明也成为具体标准落实到各级政府与社会经济活动中，对我国生态建设和可持续发展起到重要的指导作用。在国内倡导

① 参见《马克思恩格斯全集》第 30 卷，人民出版社 1976 年版，第 251 页。

并实践生态文明是对中华古代文明精髓的传承和发扬，是遵循马克思主义生态观，建设中国特色社会主义的内在要求，是社会主义制度优越性的具体体现。生态文明要求在人对自然认识和改造水平不断提高的前提条件下，正视人与自然之间相互依赖、互动发展的关系，采取更为科学的方式对自然加以改造，从维护生态系统整体协调性的目的出发，将人类文明推广至更高层次的物质、能量、生态系统良性循环的状态。生态文明不应限于成为社会少数精英阶层内部的认识，需要将其平等、科学、伦理性的特征转化为大众共识，通过宣传教育与制度建设内化到全体居民的意识与行为中，形成共同接受的行为准则和社会规范，使生态文明建设逐渐常态化、制度化，从而在更广范围、更深层次推广开来。

一、生态文明的概念、内涵与理论基础

（一）生态文明的概念与内涵

18 世纪法国百科全书派认为：文明是指人类社会将要达到的那种有教养、有秩序、公平合理的高级发展阶段。长期以来，世界各国的人民在生产不断发展、技术不断进步的背景下持续探索文明的具体内含与意义。文明代表着高级阶段的社会形态，是人类从混沌转向开明与有序的象征；文明与文化、科技、民主、进步相伴而生，是物质、精神、制度优秀成果的综合；文明特指文化朝着良性方向发展的部分，是人类改造自然、改造社会、改造自我成果的结晶。西语中文明（civilization）包含城市公民或国家等概念，文明起源于对组织、制度、政治的强调，将开放、民主、平等的意识融入社会体制管理中，推进人群的整体素质提高与社会的良性运转。在文明的社会中，各类人群的矛盾得到重视与解决，科学技术得以合理应用，社会整体朝着和谐有序的方向演化发展。

在社会化大生产之前，文明的主体是人类社会。人类通过社会管理体制改革达到更加开放、民主的社会组织状态，通过生产技术进步提高驾

驭、利用资源的能力和物质生活水平，对文明的界定更多局限于人与人、人与社会之间。然而随着人类对其生存环境认识的进一步加深，人与自然之间相互依赖，既对立又统一的关系启发着人们从更广阔的视角审视文明的内涵，将人类关怀对象从人类社会延伸至自然界，将自然系统纳入社会环境系统之内，用系统、动态、平衡的观点看待人与自然的关系，由以人类为中心的生态意识向系统性的生态整体意识转变，由对自然界的工具价值向内在价值的认识转变。将人与自然放在更加平等、公正的位置上，使自然系统同经济子系统、社会子系统、文化子系统形成和谐共生、良性互动的关系，实现自然环境和人协调可持续发展，这种具备动态系统特性的文明观即生态文明。

生态文明是人类在把握自然、社会发展规律的基础上提出的科学文明观，是人类对于人与自然关系认识逐步升华的结果。生态文明以生态理论为基本支撑，其潜在的原则是平衡性，地球生态系统的物质循环是封闭的、不断转化的生命过程；能量和物质转化是地球生态系统赖以运转的基础，以太阳能为核心实现着开放的投入产出转化过程，并在循环中实现能源的累积和损耗，系统平衡是基本的目标和趋势。为实现生态文明和可持续发展，人类社会以物质法则和道德选择作为潜在的支撑，将这一循环转化与社会伦理相互联系。或许人们对什么是幸福生活有不同的理解，但是却了解人类得以在地球上长时间存活的前提条件。人类作为自然界的一部分必须同自然环境相互沟通，使人们的行为同自然环境相适应，提升而非毁坏生态循环。具体来说，水流、能源、物质转换是维护生命存续的自然运动，作为物质转化的载体，我们必须竭力维护这一平衡。

理论界存在“狭义”和“广义”的两种生态文明观。狭义的生态文明观特指人与自然的关系，即需要改变工业文明中人类征服自然、改造自然的观点，建立人与自然界双向流动、相互促进的关系。人类不仅需要向自然索取能源和物质，而且要以适当的方式对自然界进行回馈和修复，维护自然系统的动态平衡性，使其朝着良性、可持续的方向进化。广义的生态文明观是人与自然、人与人、人与社会各子系统及组成的整体系统的和谐有序发展，各系统实现内部和相互之间的平衡互动才能促使整体性的文明进化，不能相互分离、割裂开来谈论生态文明。自然生态与社会生态都是生态系统的有机组成部分，作为相互影响与联系的整体，人与自然的和谐是人类社会发展进步的前提；人类整体素质的提高，内部矛盾的化解是有效处理人与自然关系的动力和支撑。生态系统整体朝着有序与平衡的方向演化才能实现更广范围、更深意义的生态文明。

生态文明是继原始文明、农耕文明、工业文明之后的新的文明阶段，是对人类活动同环境的对立与矛盾的积极响应，是用系统论的方法实现地球生态系统进化繁荣的具体途径。① 生态文明要求以保护自然生态系统为目的，以尽可能少的资源环境投入满足人类物质文化生活需要。同时人类生活的需求应当从数量型向质量型转变，从物质需求向精神文化需求转变，将资源环境消耗限制在地球生态承载范围之内。生态文明要求从保持生物多样性、维持环境良性物质循环的角度出发，运用科学的技术和管理方法，以系统整体的动态平衡为原则，兼顾对自然的开发与保护，使绿色生态的概念贯穿于人类生产生活中，从而实现经济、社会、环境可持续发展。

生态文明是指导我们行为的基本规范与社会文明进化发展的高级目标，应当将生态伦理的平等、民主、科学的内涵融入社会生产生活中，以平等、包容的态度对待地球上的其他物种和生命，尊重其他物种的生存发展权。借助经济、政治、文化手段将人类对环境的影响控制在适当范围内，维护人与自然的和谐关系。生态文明不仅包括自然生态文明也包括社会生态文明，需要采用更加有效的方法实现资源的公平合理分配，将生态文明的概念延伸到社会生态领域，将生态文明理念应用于经济、政治、社会纠纷的处理中，以实现经济社会的平衡发展、保障更多人生存权利为目标进行制度安排和资源分配。逐步消除干扰社会生态的事件，如战争、种族

---

① 参见潘家华：《新中国 70 年生态环境建设发展的艰难历程与辉煌成就》，《中国环境管理》，2019 年第 4 期。

歧视、地域差异，实现经济、社会、环境的良性互动与可持续发展。

最近60年来生态文明的历史发展与演进包括三个阶段：(1)1960—1970年，污染控制阶段。在工业化浪潮不断推进的背景下，全球环境污染加剧，环境与经济问题受到管理者和社会组织的重视，在多个场合下被提出并探讨解决方案。(2)1970—1990年，可持续发展提出与实践阶段。资源与环境的可持续发展理论首次由世界银行提出，它呼吁实现资源环境的代际与代内平衡，经济、社会、环境成为支撑世界文明进步的三个支柱。(3)1990年至今，创新引领阶段。以生产技术革命和新能源开发为代表的绿色经济的提出，实现了环境问题从末端治理向源头控制的转变，信息与网络技术的飞跃使全球化环境治理成为现实。经过长期的对于经济、环境、社会之间关系的争论后，国际社会形成并充实了生态文明的概念与内容。

从具体存在形态讲，生态文明既具备物质文明的性质，又包含精神文明和制度文明的内涵。生态文明要求积极利用、改造自然，以最小化资源与环境投入实现最大化产出，实现满足人类物质生活需要的短期目标和社会可持续发展的长期目标。与此同时，生态文明呼吁人与自然、人与人、人与社会形成和谐共生的系统整体，即人与自然不是统治与被统治的关系，而是相伴相生、相互制约与促进的关系。应当从平等、科学的社会伦理角度出发，尊重和爱护自然，从树立生态观念开始增强社会自律与他律意识，形成保护环境、维护社会公平与稳定的氛围。因此，生态文明是相对独立于物质文明、精神文明、制度文明之外的第四种文明，也是实现物质文明与精神文明、制度文明的前提条件和基础。

（二）生态文明的具体形态和主要特征

生态文明以建立人与人、人与自然、人与社会和谐共生关系为目标，对个人行为、组织行为、国家行为进行指导和约束。生态文明是人类社会发展方向的新选择，要求将环境友好与社会可持续发展的理念应用于人类生产生活各个层面。从生态文明的存在形态上分析，生态文明包括意识文明、行为文明、制度文明、产业文明。意识文明是指人们内在的生态文明意识，即树立爱护自然、节约资源、保护环境的思想观念，崇尚低碳简约的生活方式，自觉抵制西方奢侈浮华、过度消费的不良思潮影响；行为文明是指践行生态和谐观念，在生产消费中以生态文明为行为准则，将人类活动对自然环境的不良影响降低到最低程度。以公平、包容为原则建立个人与家庭、个人与社会之间的和谐关系，借助友好、有序行为的实施促使社会朝着文明、进步的方向发展。制度文明是自上而下生态文明理念的贯彻落实，从政策规则的制定和实施角度入手，将制度框架进行生态化、民主化改造；选择有利于资源节约、污染物减量化的政策组合，通过管理组织方式的优化提升和生态型政策的有效实施，使生态文明原则得到社会团体及个人的拥护和支持，进而产生同生态文明相一致的行为活动。产业文明是对企业生产活动进行生态化改造，以促使企业承担社会环境责任为出发点实施绿色生产，倡导从源头开始减量化、资源化、再利用的循环经济，以最少的资源投入和最低的环境影响实现最大化产出。促使生产者从市场经济环境下经济理性人向生态大系统内生态经济理性人转变，在满足人类物质文化需求的同时最小化环境负面影响，实现产业活动的低碳、科技化转型。

总体来说，生态文明的特征在于平等性、差异性、科学性、伦理性。生态文明的平等性是指人与人、人类与其他物种之间的平等生存发展权利，人与人的平等反映在政治民主、市场公平竞争，合理有效分配自然资源、社会资源，物种平等要求人类在谋求自身利益的同时不危及其他物种的生存权利。差异性是指通过类型和功能的多样化来完善生态系统，增强抵御外来干扰的能力。例如开发更加多元化的农业种植系统来保护土壤肥力，通过城市和农村的协调发展减少对自然系统的干扰，维持生物多样性来实现自然生态平衡。差异性能够显著增强力量和安全度，拓宽社会、经济和文化交流的范围；教育、文化、产业的多元化发展也会提高社会整体的抗风险能力。科学性是指生态文明顺应自然发展规律，生态保护与人类文明发展并重，既不为了经济增长而放弃生态建设，也不因为生态保护而使人类物质文明止步不前，通过采取恰当的技术和科学的管理方法实现人类与自然界协同进化、良性循环。伦理性指生态文明建设不违背自然规律和社会道德规范，避免产生人和技术的异化，以及对社会秩序与伦理道德造成冲击。伦理性既包括人类同自然之间的伦理关系，也包括处于同一生态环境中的人与人之间的伦理关系，是生态文明建设的基本依据和法则。

（三）生态文明的核心理论

1. 环境价值

在讨论环境价值之前，首先需要阐明价值所具有的特殊含义。存在可度量的有形价值和不可度量的无形价值的区分，价值的特点在于提升人类的终极幸福度，即人类繁荣发展水平。价值作为社会选择和决策制定的依据，对人类世界观的形成和社会的发展进步有重要影响，能够指导人群进行最优策略选择。价值也会因为衡量的主体、对象、方法的不同而出现差异化的结果；即所谓的仁者见仁、智者见智，价值衡量随着时空的推移变化而呈现不同的标准。生态文明从本质上要求人类提高对自然价值的认同感，对生命的含义进行更深入的思考。① 生态文明的价值观及要求也随着时代和技术的变迁呈现与时俱进的特征。

经济或思想领域价值概念的运用从 18 世纪开始，将价值的概念应用于伦理学始于 19 世纪的德国。从伦理概念上讲，价值影响决策的制定，伦理学的价值理论认为人们考虑的不仅是即期需求，而且还从深层次反应什么是重要的。经济学意义的偏好更多地针对于个人，出于个人效应最大化进行偏好选择；伦理学价值相对于偏好更具有长期性和综合性，价值的主体从个人转向集体，价值的内涵除了现实利益之外还包括了对伦理道德、社会关系、环境质量的衡量。价值的出现是因为：决策制定过程

---

① 参见 Emma R.A.，"Gaitan Account of Environmental Ethics"，*Environmental Ethics*，2015，Vol.3，No.2，pp.187-206。

中人们的偏好通常会出现冲突,价值作为一系列抽象的原则,可以使人们通过判断哪种偏好具有人群一致性,可以更好地解决冲突,因此采纳价值尺度更有利于集体决策的制定。个人和集体判断的差异表现在对偏好和价值的认同,从经济和伦理意义出发:偏好衡量什么是值得的,价值用来衡量什么是应当的,价值是逐渐自我检查的过程而非快速判断决策。实用主义者认为最优的价值选择是给最多的人提供最多的产品,从群体的角度运用理性行为模式,制定可以给所有人带来最大效用的决策。

随着人们对于环境问题的重视度的提高,环境伦理成为价值判断的基本要素之一,而价值作为决策制定的依据,将环境伦理观同社会科学传统价值观有机联系在一起。人们对于环境价值的关注即源于同工业生产相联系的环境问题的凸显,又是人类科技水平、文明程度不断提高的表现。依据政策科学理论,只有在基本需求得到满足后环境问题才会出现。整体上,自然主义和环境主义者更容易建立起相应的环境价值观,并且环境价值观会因为价值主体的信仰、道德、观念,以及所处环境、社会进步程度的不同而存在差异。对于利己主义还是利他主义的争辩是环境经济学和环境哲学领域内近 100 年来争论的焦点问题,利己主义以人类为中心判断环境的价值,将环境价值更多视为工具价值,认为工业革命后形成的环境问题是由人类造成的,并且人类具有消除环境问题的能力。利他主义认为环境具有内在价值,这种价值并不随着人类的主观意愿及判断标准的变化而改变。当前对环境内在价值的衡量还依赖于人们的观察,衡量方法也由于现有条件的制约而存在一定的局限性,在实践层面上还不存在公共认可的用于评估环境事物内在价值的方案。

2. 生态伦理

(1)以人类为中心的生态伦理

近代自由市场环境下生产厂商逐利性的特点,形成了资本主义社会大规模生产、过度消费的泡沫型经济增长格局。人类将征服自然、改造自然作为文明进步的象征,将消费作为带动经济增长的主要动力,进而引发资源环境透支、以世界为工厂满足发达国家居民的高水平物质需求,随之而来的是由全球变暖、自然资源衰竭、人口膨胀、有毒废弃物泛滥等带来的环境降级。这种以人类为中心的行为是环境自大意识的表现，即将人类作为一种优势物种凌驾于自然之上，自然沦为人们实现自我目的的资源库。以人类为中心的价值观从人类利益出发来衡量资源环境的价值，首先会有违于生态伦理公平性的原则，主导社会阶层对于资源的分配和环境的影响具有优势地位，依据主导阶层的意愿进行环境干预必然造成社会阶层之间、区域之间、代际之间的不平等，在一部分人实现利益的同时，可能造成其他人群利益损失甚至社会整体的环境降级。其次，环境价值不仅包括当前可以认识到的价值，还包括未被认识到的如物种多样性、微观循环对于环境可持续发展的价值，在当前科学技术水平下，采取的环境干预或保护行为可能是短期的和片面的。最后，生态系统作为相互依赖、相互作用的整体，各个物种和资源都具有相应的存在价值和具体功能，以人为中心的环境价值观必然割裂系统的整体性，从而产生危及生态系统平衡的行为和后果，使人与自然之间的关系从和谐走向对立。因此，深层生态伦理支持者认为：产业社会的主流世界观将人类作为独立的部分同自然界相分离，形成了相对于其他生物的优势地位，从而造成了对资源的掠夺性开采和环境降级。土地伦理理论也驳斥将人类作为征服者的人类中心理论，宣扬更为谦虚的生态社会“普通成员和居住者”的观点，通过加深人类对生命体之间联系的认识，强调人类的自我认知和动物属性。

以人类为中心的生态观造成工业革命以来资源环境难以为继的局面，因此引发人们从集体利益出发考虑人与自然的关系。根据基督教和犹太教的环境哲学，人类作为特殊的优势生灵和有道德的群体在自然界中具备优先权，只要足够明智并有责任心，我们就能够以更加有效率、平等和可持续发展的方式利用自然，为更多的人提供更为丰富和持久的利益。美国第一任林务局局长平肖(Pinchot)基于实用主义哲学建立了自然保护伦理，声称当前美国的大部分自然资源财富是为少数人而非大部分人的利益而开采利用，并提出自然资源不应被挥霍性开采。反对对自然持有浪漫和超脱的态度，认为世界上只有两种事物——“人类和自然资源”，但他主张为尽可能多的人提供最大的物质供给。① 资源保护主义和环保主义者是在上世纪初形成的反对人类为私利无限制索取自然的两大派别，也是绿色环保运动的积极推动者。然而这两个派别从根本上还是以人类为中心的，将人类置于自然系统之上，认为人类具有优势于其他物种的地位，并在此基础上提倡对资源环境的保护，并相信只有人类具有内在价值，自然价值是工具性质的。这就势必忽视自然系统的整体性和内在联系，不能从更广范围、更深层次把握资源环境演变规律，因而实施的保护行为也存在短期性和地域性的局限。②

以人类为中心的思想认为，每个人的行为都是自利型的，但是为了限制身边其他人的自利行为，共同达成了生态保护的社会协议。于是出于自我利益的考虑，个人通过对自己行为的限制达到约束竞争者的目的。这样的结论是简单的和片面的，同后达尔文生态理论相一致，缺乏当前生态学中的共同依赖和互相同情合作的含义。人类作为已经影响地球环境超过一万年并在全球分布的种群，可以改变自身及自然系统的进化速度和过程；人类作为自然系统的一部分，有道德和伦理义务从自然系统所有生物利益的角度出发，来关注生态环境所产生的直接变化。因此我们必须扭转对自然界的错误认识以应对当前的环境问题，20 世纪中后期西方哲学中出现的自然主义更加注重环境本身的价值，认为非人类生活、自然循环、生态整体性都具有内在的价值和道德标准。

（2）生态整体主义——人与自然和谐发展的生态伦理观

1）生态整体主义的概念内涵

包括生态中心主义、生态女权主义、土地伦理、深层生态主义的环境哲学都呼吁：社会生态观从以人类为中心的理论向关注非人类的或是自

---

① 参见 Fred J.，“Historical and Philosophical Development of Environmental Ethics”，*Bios*，1996，Vol.67，No.3，p.132。

② 参见 Tina T.，“From the Anthropocentric to the Abiotic：Environmental Ethics and Values in the Antarctic Wilderness”，*Environmental Ethics*，2017，Vol.39，No.1，pp.57-74。

然的内在价值的方向转移。从生态学的视角来看,自然不只是各种外部相关联的物种集合在地球上,而且是一个复杂的有机综合体系,更像是一个庞大的生命体:物种是细胞,种群是组织。生态学是科学范畴的新定义,土地伦理建立在生态进化的世界观上,所有有利于维护生态社会复杂性、稳定性和景观性的事物和行为都是正确的,需要实施积极的环境管理行为以维护环境的整体可持续性。生态主义者认为如果一个生物体能够维持自身良好的生存运转,并有利于种族存续则是具有价值的;要将这种自然主义方法推广至整个人类,把人类看作是复杂的社会动物:有价值的社会动物对于其各个部分的运转、行为、情感和需求应该有良好的适应性。这种适应性又取决于四个方面:一是个人的生存力;二是种族的持续能力;三是脱离痛苦享受快乐的能力;四是社会组织依据群体特点良好运转的能力。

深层生态理论和土地伦理的支持者进一步提出不只是生命体具有内在价值,而且整个生态社会都具有价值。深层生态理论的支持者认为:生态圈中所有的有机体和事物,作为相互作用的整体的一部分,都具备相同的内在价值。土地伦理理论支持者进一步表达了生态平等观念,认为人类的角色应该"从对土地的征服转化到作为平等居民的存在"①。人类是自然界的一部分,所有生物对于他所处的生物群体来说具有相同的价值,无论我们是否已经正确认识到这种价值。以这种观点来理解自然界,则每种生物组织都来源于基础元素,组织和物种之所以产生是因为其对自然界具备唯一的功能。综合进化论和生态理论,每一种生物的价值被按照对生态圈的功能作用来衡量,因此应当用包括人类在内的所有生灵的平等来代替人类拥有无限权利的观点。人类的命运取决于新的平等和整体信仰,怀着这种信仰,我们应当重新审视自然、承担起保护和捍卫自然的责任。土地伦理论认为应该对地球及其资源持有敬畏态度,自然的变

---

① Bill D., Sessions G., "Deep Ecology: Living as if Nature Matered", Salt City, *Peregrine smith books*, 1985, p.5.

化不只是生物的进化，还包括气候、季节连续和随机的变化，因此我们必须遵循生态结构和功能变化的规律，维护生态社会的复杂、稳定和景观性，尊重其内在动态规律。一定意义上说，应当将系统的动态平衡转化为道德维度来思考，自然的平衡态提供了衡量人类价值的目标模式，自然生态的平衡也可以说是一种终极价值。需要以生态平衡而非人类习俗或者超自然权利为标准进行价值衡量，人类的价值应基于同自然关联的生态系统性，我们所推崇的终极目的也必须同生态系统相一致。生态整体的可持续存在和发展也是人类得以进化发展的前提，只有将人类置身于生态系统中才能够真正实现人类的价值。

2）生态整体伦理的核心价值要求

敬畏自然：第一种也是最重要的价值要求是对自然的敬畏，是像尊重个人一样敬畏自然的理性态度，它不是基于爱或者情感，而是认识到非人类生命所具有的内在价值。从这个角度出发，自然不应当被当作某种工具，只是用来满足人类的需要和兴趣，自然界任何事物都具有存在的价值，除非有充足的理由，损害这些事物的做法都是不正确的。这种观点赋予了自然界所有具备内在价值的事物以道德标准和权利，敬畏的特性要求我们认识到非人类的生命体、自然事物和生态社会的内在价值。敬畏自然遵循四条准则：不以人类为中心、非干扰性、对自然的忠诚、公平修复。不以人类为中心的准则否定了将人类置于优越于其他物种的生态整体系统之外的观点。非干扰性原则要求人类活动对环境系统的影响应限制在环境容纳范围内，形成不干扰组织或是生态系统自由发展的外在义务约束。对动物忠诚爱护的原则减少了诸如捕猎等行为对动物的伤害。生态修复原则要求危害自然资源的个人对生态进行补偿，例如一个地方的湿地被破坏则必须在其他地方相应增加。

谦虚的态度：环境友好要求人类在面对自然时持有谦虚的态度，这种态度要求人类承认自然的内在价值，将自己作为生态系统中平等存在的一员。谦虚是人类在自然秩序中应持有的正确态度，要求具备环境知识，避免过强的自我意识，将自己视为自然界中的普通一员。谦虚的态度鼓励人们意识到自己是世间万物的一部分，缺乏这种态度将强化人类的自我意识，防止其成为人类认识事物内在价值的障碍，只有克服强烈的自我意识才能建立生态整体主义价值伦理。克服人类自我意识需要从其他生物自身来衡量其价值，同时相对忽略我们日常关注的事物甚至人类族群本身。如果可以在同自然互动过程中，实现这种自我意识的相对弱化，将减少对自然的破坏。相反，将人类置于自然事物之上的做法是缺乏自我认识的表现，将会加剧对自然资源的开采。生态女权主义者用"自大的眼光"来形容主宰自然的态度，自大的眼光是用一种强制性的、侵占型的将其他事物作为附属物的态度。谦虚文化则削弱了以人类为中心的观点，从承认其他事物价值的过程中认识到人类的价值和应尽的责任。

对自然及生态社会的同情、爱护和关心：依据土地伦理的观点，由环境需求导向的价值行为形成了包含同情和关心在内的生态系统整体观，然而由于主导西方文化和意识的主流哲学是个人主义和分离化的，这些特性很难在现代主流哲学中形成。承袭土地伦理理论，生态中心主义者将宇宙伦理的范围从人类扩展至"土地、水、动植物"更为广阔的生态社会。结合达尔文的所有生命体由亲属关系联系在一起的理论，以及基于对自然敏感和同情心的道德哲学，就形成了生态整体论伦理，支持创建"维护整合性、稳定性和景观性的生态社会"①。深层生态理论也支持对自然界持有同情和爱护的观点，深层生态理论从人类同自然界相互联系的角度来表达对自然的同情和爱护。认为从整体上认识和强调其他物种、自然物体、生态社会的价值是精神升华和道德提升的表现，同时只有在将自己作为自然世界中的一员的时候，自我认知才能够实现。最后，生态女权主义者同样声称，我们应当采用"爱护的眼光"来看待人同自然之间的关系，强调在同自然相处中关心、适当信任、友好友善的重要性。②

---

① Callicott J.B.,"The Land Ethic",*A Companion to Environmental Philosophy*,2001,No.1,p.209.

② 参见 Warren K.J.,"The Power and the Promise of Ecological Feminism",*Environmental Ethics*,1990,Vol.12,No.2,p.125。

简单的生活方式:环境友好的另外一方面是认识到简单生活方式所带来的价值。在一些工业化国家中,由消费者需求和高投入为特点的规模化生产方式共同推动了经济增长。然而实际上并不需要这么多物质消耗,环境友好行为崇尚简单,抵制物质主义和消费主义所追求的过度优越生活。深层生态运动最为坚决地倡导简单的生活方式:最终的目标是享受高质量的生活而非提高生活标准,这需要深刻理解丰富和伟大之间的区别,如果可以把对物质享受的要求降低至生活必需的水平上,我们将会把精力集中在自我价值的实现方面,从而有效消除各种导致环境降级的因素。

整体和非阶级思维:生态整体主义环境哲学支持以生态系统为中心的平等观点,将人类看作"居住在相互联系的生态系统中的普通一员",从整体的角度去思考环境问题。将环境伦理基于科学和技术之上,强调从整体上维护生态系统内部的良好关系,而不是维护系统内单个成员的利益。环境友好主义抵制个人主义的原因在于:它将个人的道德标准建立在现代文明之上,例如,科学、理性、自觉、自治;但是作为生态系统平等存在的一员,世界的和谐与可持续是环境友好主义的根本目标。非阶级思维要求人们抵制女权主义者所提出的"主导逻辑",因为主导逻辑会导致阶级性,带给我们价值矛盾和分离。整体的价值观被分为两部分,优势部分决定次级部分。相似地,社会生态学家将自然的破坏归因于基于等级、种族、年龄、性别在内的各种社会分层。因此,明智的人需要摒除阶层思维模式,以及一部分人主宰另一部分人甚至整个生态系统的行为倾向。人类由于自然的供给而产生的满足和优越感是贵族意识和阶级偏见的反映。因此环境伦理学家更多的是关注生态整体,而相对忽视单个物种的福利,不支持以人类为中心的环境观点,相反更为拥护以自然为中心或非人类的伦理立场。当前的环境伦理应当是包容性质的,需要综合地识别和评价环境、动植物和人类的价值。

3)环境友好行为的实施障碍

过高的物质追求:实现环境友好的第一个障碍是过高的物质追求,在资本主义消费文化中，人们的幸福观由物质消费产生的快乐、物质满足，以及精神娱乐组成，并且在消费导向的文化中金钱是价值的基础。资本在追求利益的过程中，广告宣传作为必不可少的一环，扩张了商品和服务的需求。深度生态主义者提倡简朴的生活，提高生活品质而非享受高标准的物质生活，这种简朴同资本主义的逻辑观相对立。如果年轻人将赚钱作为主要的生活目标，就会陷入消费观的泥潭中，忽视节制、忍耐和简朴生活，而以推动经济增长的名义肆意消耗资源则会伤害到人类个体。并且，如果不能意识到环境关系到每个人的利益，就很难说服人们为环境利益而改变物质主义信念。价值伦理主义者呼吁，非人类生命、物种、生态系统具备内在价值，应当受到道德关怀和尊重，但是这种观点也只有在人类和环境利益出现明显冲突时才会得到验证。消费主义的价值内涵是：经济价值主导其他一切价值，消费者信心的树立有赖于经济持续增长，这就势必以环境损耗为代价，正是这种以利润优先的思想抑制了环境价值中要求的对自然的尊敬和爱。

个人主义和缺乏对自然的欣赏：第二个阻碍环境价值实现的因素是西方文化中的个人主义，资本主义消费观产生了个人主义。将个人利益凌驾于公共利益之上的观念，以至于人类作为相互作用和平等的社会成员的整体自然观将很难形成。将个人成就作为衡量人生价值的尺度更加强化了个人主义，将不利于形成谦虚的世界观，进而难以维持平等和谐的人类关系，更不要说生态整体的世界观。实现环境友好的第三个障碍是缺乏对自然的欣赏，以人类为中心的观点认为自然是我们用来娱乐的游乐场，并且许多人类娱乐活动直接伤害到环境。糟糕的城市环境不利于人们产生对自然的欣赏，因此应当花费更多的时间同自然接触，产生对自然的亲近与爱护。

强调社会等级观念：第四个障碍是同主导逻辑相关联的社会等级观念。环境友好主义要求消除等级思想，生态女权主义认为对女性的主导和歧视就像对少数民族和穷人的歧视一样，形成弱势群体对初级消费品的依赖，进而同环境降级相联系。解决环境危机的方法应当包括在男女之间建立公正公平的关系，然而事实证明社会文化远没有消除女性的附属地位。资本主义社会鼓励等级思想，以取得最大化利润和物质产出，鼓励进攻、竞争和独立；竞争的核心是产生成功者和失败者，目的是控制对手取得竞争优势。因此，这种产生于资本主义文化的进攻和竞争性倾向，成为环境友好的显著障碍。

二、生态文明思想渊源

（一）西方文化与生态文明

西方文化基本构建造成了生态文明建设的障碍，是工业化以来人与自然关系对立、环境不断降级的思想根源。以基督教为主导的西方宗教更多是以人类为中心的，认为上帝的旨意是“让人类满足其需要而开采资源”①。以希腊哲学为主导的哲学更推崇同优越生活相对应的消费模式，因此形成了西方文明中人类战胜自然、利用自然的基本态度和价值观。作为对万物有灵论的违反，西方宗教和哲学使人类以漠视生态平衡的方式破坏自然，随之带来的是环境降级。人类进入工业社会之后，在生产规模不断扩大的背景下，资本主义制度和生态文明之间的矛盾日益凸显，其价值观体系推崇个人主义、竞争主义、利己主义哲学，它超出人类需求之外无限制扩大消费，无视资源的不可再生性和废弃物承载能力，因此西方主导文化同生态文明的基本理念相违背，在资本主义制度体系之内不可能自发实现生态文明。

工业化国家在20世纪中期相继爆发环境污染事件，人为造成的环境危机给经济社会造成巨大损失，使一些学者从工业社会的价值观、生产方式、消费模式和社会制度上反思工业文明，探讨新的文明形式。重新思考人与自然之间的相互关系，以动态、平衡、景观性、复杂性来定义生态系统

---

① White L.,“The Historical Roots of our Ecological Crisis”,*Science*,1967,No.155,p.1206.

所具有的内在价值，用跨学科的、综合管理的方法来应对面临的资源环境问题。尤其关注社会科学与自然科学、科技进步同环境保护之间的相互联系，从人类福利增加和生态系统良性循环的角度，研究实现自然系统协调与可持续发展的途径。例如，针对工业文明所带来的消极影响存在两类截然不同的观点，一类是罗马俱乐部，认为科学技术应当建立在坚实的基础之上，当前的科学技术是不利于可持续发展的，因此反对没有限制地发展科技；同时认为由于部门和利益分割，政府环境政策效率低下，环境管理应当扩展到更广阔的国际范围。另一类是绿色经济派，由欧洲环境委员会提出"从借助经济发展保护环境向利用经济机制保护环境转型"，优先利用市场来优化全球资源管理进而保护地球系统。① 绿色经济受到草根政治组织的关注，并成为评判私人经济效益的重要标准。后来经过深入研讨，绿色经济中加入了生态伦理、制度公平的概念，逐步被更广泛意义的生态文明所替代，因此可以说绿色经济是生态文明的前身和重要组成部分。

（二）我国古代文明同生态文明的一致性

生态文明同东方文化与哲学有相当深厚的渊源，同西方宗教以人为中心不同，东方哲学强调人与自然"二元论"，特别是我国古代哲学天与人和谐的理念同生态文明将自然作为动态平衡的系统的基调相一致，生态文明建设在国内更具有肥沃的土壤和根基。儒家学派认为应达到"天地与我并生，万物与我为一"的"天人合一"、人与自然和谐共处的境界。例如《春秋繁露》中："天亦有喜怒之气，哀乐之心，与人相副，以类合之，天人一也"②，意指自然与人、人道与天道相通、相类、相统一，天地人之间以道贯之。我国古代将自然界称为"天"，将自然演化规律称为"道"或

---

① 参见 Goodman J.，Salleh A.，"The 'Green Economy' Class Hegemony and Counter-hegemony"，Globalizations，2013，Vol.10，No.3，p.415。

② 董仲舒：《春秋繁露》（中华经典名著全本全注全译丛书），张世亮、钟肇鹏、周桂钿译注，中华书局 2018 年版，第 113 页。

“自然”，儒家学派的生态伦理反映了它对宽容和谐的理想社会的追求，认为人应当顺天道，人的行为不能违背自然演化规律。不“涸泽而渔、焚林而猎”，人类行为不能剥夺其他物种的存续权利，从而使生态系统在既定的自然规律下有序运行。道家学派更提出人应当遵循自然规律、“天道即人道”的概念，老子提出“天之道其犹张弓，高则抑之，下则举之。有余则损之，不足则补之”。即天之道损有余而补不足，需要将人对自然的干预活动控制在一定程度之内。

《易经》认为天人合一是人生的理想境界——“大人者与天地合其德、与日月合其明、与四时合其序”。庄子则把一种物中有我、我中有物、物我合一的境界称为“物化”，也是主客体的相融。这种追求超越物欲，肯定物我之间同体相合的生态哲学，同当今生态整体主义哲学具有高度的一致性。道家学派“无为而治”的管理理念更是基于对事物自然发展规律的深刻认识与尊重，对当前的生态文明建设也具有积极的启示意义。我国佛教从善待万物的立场出发，把“勿杀生”奉为“五戒”之首，生态伦理成为佛家慈悲向善的修炼内容，生态实践成为觉悟成佛的具体手段。我国古代文明同生态文明之间具有悠久的历史渊源，“儒、释、道”各家学派都主张人与自然相和谐、将自然作为人类生存发展之本。然而由于古代人类对于自然规律认识的局限性，更容易陷入“不可知论”和“有神论”的迷信与畏惧自然现象的困境。当代人在生态文明思想的指引下，借助科学技术对自然规律有了进一步的了解和掌握，能够在生态整体主义的原则下提出更为科学的利用自然、改造自然的方法与途径，将对我国古代生态伦理观进行更好的发展与实践。

（三）马克思主义生态观及我国领导人对生态文明的重视

马克思具有彻底的唯物史观，并较早提出人与自然相和谐的观点，认为人是自然界的组成部分，自然界是人的外化，是人的无机身体，人通过与自然界的物质能量交换实现人的生存发展。人类和其他动物的区别是人具有能动性，社会生产实践是联系人和自然的纽带。然而人的实践活动只能改变自然的物质形态，自然循环有既定的规律和限制性，人类生产实践需要顺应自然发展规律，而不是一味地同自然作斗争、战胜自然。马克思指出："我们不要过分陶醉于我们人类对自然界的胜利。对于每一次这样的胜利，自然界都对我们进行报复。每一次胜利，起初确实取得了我们预期的结果，但是往后和再往后却发生完全不同的、出乎预料的影响，常常把最初的结果又消除了"①。恩格斯也认为真正的自由只有在社会同自然法则相协调的情况下才会出现。因此马克思主义中人和自然的关系同生态文明的内涵相一致，是生态文明早期的理论形态。

马克思用农业土地新陈代谢理论对资本主义制度进行批判，认为资本主义制度不仅引发了经济危机，而且直接导致了生态危机。城乡分离与物质变换关系造成土地循环断裂，资本积累的目标产生了劳动的异化和物质资源的浪费，进而使人与自然之间的新陈代谢循环断裂，引发资本主义生态危机。依照马克思的生态观，"人不是土地的占有者，而是使用者和受益者，上代人应当作为好家长将改良过的土地传给后代"②，这同生态文明维护人与自然可持续发展的观点相一致。马克思的生态观对正确处理人和自然、生产力和生产关系之间的关系具有积极的指导意义，是人类在尊重自然规律的前提下能动地对自然进行改造，实现人类社会文明进步和人与自然和谐发展的科学理论依据。

新中国成立以来我国历代领导人在马克思主义的影响和指导下，进行着积极、全面、深刻的生态理论与政策实践。以毛泽东同志为代表的第一代领导人拉开了新中国生态治理的序幕，淮河流域生态修复和水患治理、塞罕坝荒漠化治理，全国生态绿化运动，城市环卫基础设施建设系列工程使新中国的生态环境得到显著改观，充分体现了社会主义制度的优越性。1989 年邓小平提出要采取有力步骤解决经济增长与资源、环境、

① 《马克思恩格斯选集》第 4 卷，人民出版社 1995 年版，第 383 页。
② 《马克思恩格斯全集》第 46 卷，人民出版社 2004 年版，第 878 页。

人口等方面的矛盾,使我们的发展“能够持续、有后劲”,在这一思想的指导下我国政府签署了两个环境问题公约,进行了对生态保护的积极探索。以江泽民同志为代表的中央领导高度重视解决我国的可持续发展问题,他对可持续发展作出了科学界定“就是既要考虑当前发展的需要,又要考虑未来发展的需要,不要以牺牲后代人的利益为代价来满足当代人的利益”。生态文明是可持续发展的重要内容,2002 年党的十六大将“推动整个社会走上生产发展、生活富裕、生态良好的文明发展道路”作为全面建设小康社会的目标之一。这就为生态文明思想的提出做了准备,也为环境政策在全国深入推开奠定了基础。

我们党正式提出“生态文明”这一概念是在 2005 年召开的全国人口资源环境工作座谈会上。在这个会上胡锦涛提出,我国当前环境工作的重点之一便是“完善促进生态建设的法律和政策体系,制定全国生态保护规划,在全社会大力进行生态文明教育”。他明确要求:环境保护工作应该在科学发展观的统领下“依靠科技进步,发展循环经济,倡导生态文明,强化环境法治,完善监管体制,建立长效机制”。在强调以人为本,全面、协调、可持续的科学发展观的背景下,胡锦涛在 2008 年召开的全党学习实践科学发展观动员大会上指出:建设生态文明成为科学发展观的重要内涵和组成部分,是科学发展观的新发展的重要标志,使我们党的发展理论和文明理论由原来局限于“社会的世界”扩展到“自然的世界”,“建设生态文明,实质上就是要建设以资源环境承载力为基础、以自然规律为准则、以可持续发展为目标的资源节约型、环境友好型社会”,这就进一步将生态文明提到了社会政策管理的高度,并具体明确了生态文明的目标和准则,为生态文明建设提供了理论支持和制度保障。

2012 年党的十八大提出了“经济建设、政治建设、文化建设、社会建设、生态建设”五位一体的发展道路,将生态文明放在和经济、政治、文化、社会同等重要的位置,是党对落实科学发展观、构建和谐社会的新认识,是贯彻尊重自然、保护自然的生态文明理念,建设美丽中国、实现可持续发展的新开端。在生态文明建设中,习近平总书记非常强调创新的作用。他反对走先污染后治理,用牺牲环境换取经济增长的老路,要求创新思维,把环境保护的本质看成是经济结构、生产方式、消费方式之问题,并提出“生态兴则文明兴,生态衰则文明衰”等一系列精辟论断。2017年,党的十九大报告提出的“积极参与全球环境治理,落实减排承诺”“为全球生态安全作出贡献”,将生态文明建设视野拓展至全球,充分显示了负责任大国的国际担当,也为全球生态文明建设起到了引领和示范作用。党和国家将实践生态文明,建设美丽中国作为实现中华民族伟大复兴的重要内容。2013年5月,习近平总书记在主持十八届中央政治局第六次集体学习时强调指出:“生态环境保护是功在当代、利在千秋的事业。要清醒认识保护生态环境、治理环境污染的紧迫性和艰巨性,清醒认识加强生态文明建设的重要性和必要性,以对人民群众、对子孙后代高度负责的态度和责任,真正下决心把环境污染治理好、把生态环境建设好”。这标志着我们从生产结构调整、生活方式改变等方面积极入手,建设和谐有序的生态文明新时代的到来。保护环境除了可以维护生态平衡、保障经济社会良性运转之外,由此而循环产生的生态资源本身也具有不可忽视的价值。习近平总书记的系列生态理论——“绿水青山就是金山银山”,“生态产业化、产业生态化”“五位一体”,强调了生态资源有序利用的内在价值,为当前各级政府处理好生态保护和经济发展之间关系指明了道路,是对生态文明和可持续发展认识的创造性提升。

三、生态文明在各领域的体现与有违生态文明的社会行为

(一)生态文明在经济系统的体现

1. 与生态文明相一致的生态经济观念

生态文明在经济领域的具体体现为以生产过程生态化为途径,以实现经济系统与生态系统相互平衡为目标的生态经济。新古典经济学假定

经济可以无限增长，各要素能够无限制投入，并不把自然资源和环境作为系统要素，然而实际上资源环境有其自身的限制，不可能实现无限供应。在物质交换及循环的过程中，没有免费的午餐，而是将生态成本进行了空间转移，即转移到弱势部门或时间替代，即推移到下一代。在资本主义商品经济体制下产生了对自然和劳动的双重异化，导致农村资源和城市生活之间的循环断裂。生态服务作为公共产品被免费使用必然会出现以不可持续的超出地球承载范围的方式消费，其结果是在理性人的条件下资本向少数人积累，在实现经济增长的同时大部分人的生活福利水平却降低了。GDP 实际上衡量的是成本而非收益，粗放式的发展将导致能源和食物的供给不断下降，而实际上是价格上涨推动 GDP 的增长，但是所能够提供的福利却是在下降的。所以应当用福利指标来衡量生活满意度，这包括数量和质量两个方面。今天我们不仅应该意识到由自然提供的公共产品的重要性，而且要认识到市场化的商品生产实际上损坏了这些公共产品。在产权未清晰界定和利益驱动的前提下，生态产品与服务的市场化必然导致生态危机，因此，经济社会发展目标需要转向在最小化 GDP 的条件下，维持尽可能的高水平和可持续的生活。新古典经济学认为市场最终会主导伦理判断的观点并非适应于所有情景，生态主义者提出经济效率并非经济发展的唯一目标，要求在发展经济以满足人类日益增长的物质文化需求过程中，将自然资源和环境视为稀缺要素，从维护和实现生态系统可持续发展的角度，运用先进技术和科学的管理方法，实现经济增长与生态系统良性循环。

从传统经济理论发展到现代生态经济理论，是人类对经济增长的根本目标、人与自然的内在关系的认识不断提升的过程。不计生态成本的经济发展方式导致了西方工业文明后期的资源枯竭与自然灾害频发，地区之间的经济差异与生态不平衡性加剧，从而引发经济发展方式的转变，以生态经济取代传统经济增长模式。需要将资源环境作为稀缺要素加入生产的投入产出体系中，从以个人偏好为价值标准转移到再认识社会和集体的价值，重视经济系统的社会文化背景，并将社会、政治和伦理观念融入经济分析过程中。[①] 为将生态文明的理念融入经济领域，世界各国管理者和学者进行了广泛的研究探讨，从环境经济、循环经济到绿色经济、生态经济，出现了各种提法不一、却具有一致性目标的环境友好型经济增长理念。其中绿色经济是以绿色协调发展为核心，建立以维护人类生存环境，合理保护资源、能源以及有益于人体健康为特征的生产与消费经济。循环经济指在人与自然的大系统内，在资源开采、产品加工、消费及其废弃的全过程中，通过减量化、可再生和再利用过程，使依赖资源消耗的线形增长的传统经济，转变为一定封闭循环特征的经济体系。低碳经济是指：碳生产力和人文发展均达到一定水平的一种经济形态，旨在实现控制温室气体排放的全球愿景。生态经济则是利用生态原理，通过生态设计和工程技术手段来满足人类社会发展需要的同时又能够维系生态平衡的经济体系。生态经济是将生态价值、社会价值、伦理价值融入经济学分析的一种新经济模式。可见，这几个概念都是从某一个方面来强调提高资源利用效率，减少污染物排放以实现可持续发展，是生态文明在经济领域的体现。生态文明作为人类文明形态，是以人与自然的和谐发展为总体目标的，在从环境经济、循环经济到绿色经济、生态经济几个新经济发展模式中，生态经济强调生态设计与系统管理，因此最能将生态文明体现在经济实践中，也是最有概括性和前景的经济发展模式。

从国际上看，生态经济的概念形成于 20 世纪 80 年代，在美国、澳大利亚、比利时、加拿大、印度、俄罗斯等地盛行，生态经济将生态学专业和经济学专业组合在一起，鼓励以新的方式思考生态和经济系统之间的联系，将生态资源作为生态要素融入经济发展系统中。欧洲生态经济学形成于 20 世纪 90 年代，更加重视从政治和社会管理的角度发展生态经济，推崇"联合哲学家、社会学家和心理学家来共建人类行为的伦理、社会和

---

① 参见 Sharon B.,"Environmental Economics and Ecological Economics:The Contribution of Interdisciplinarity to Understanding, in Uenceand Effectiveness", *Environmental Conservation*, 2011, Vol.38, No.2, pp.140-150。

行为学的基础”,将生态经济置于广泛的环境和社会背景之下。从另外一个角度分析,经济系统也是生态系统的重要组成部分,物质的投入产出是生态系统的基本特征之一。地球资源是有限和非增长的,资源的稀缺性会限制经济增长,由此产生了基于物质均衡投入产出的生态经济发展模式,生态经济是对以个人效用偏好和利润最大化为原则的传统经济学的批判与发展。① 生态经济学家除了关注资源环境因素之外,还试图将伦理和哲学问题引入生态经济体系,例如,代内和代际平等及环境的内在价值,将经济系统的目标从有效率的配置扩展到平等分配和可持续领域。② 因此生态经济学不仅关注人类生产的物质循环,以及与此关联的生态系统的循环与平衡,而且从伦理价值的角度衡量人类内部资源公平分配,人与自然环境的和谐共生。从本质上讲,生态经济学是系统化、开放兼容性的经济学。

2. 将资源环境作为生产要素投入

为使资源环境作为可量化因素计入经济系统的投入产出之中,以往学者采用各种分析方法来衡量环境价值。较为普遍的是采用传统经济学的基数效应论模型,将资源环境损耗作为机会成本引入经济学决策中,这种方法的基本逻辑是向公众询问他们愿意支付的保护环境费用。例如在砍伐森林的例子中,询问人们相对于砍伐木材他们愿意支付多少费用使森林保持原貌,调查所得到的结果是数量性质的,可以用来加总所有成员的支付意愿。总价值会同砍伐树木所得到的经济收入相对照,两个数值的对照分析可以得出砍伐还是不砍伐树木的判断,这就是社会价值的理论在经济学中的应用。生态经济要求改变国民经济核算方法,在 GDP 中加入可货币化的环境价值因素,只要包括自然资本在内的社会总资本是

① 参见 Daly H.E.,Cobb J.B.J.,“For the Common Good:Redirecting the Economy Toward Community,the Environment,and a Sustainable Future”,Boston,MA,1989,USA:Beacon Press,pp.61-72。

② 参见 Klopp J.M.,Petretta D.L.,“The Urban Sustainable Development Goal:Indicators,Complexity and the Politics of Measuring Cities”,*Cities*,2017,No.63,pp.92-97。

增加的，社会福利就是提高的。这种方法类似于建立资源环境资产负债表，不仅从经济角度衡量商品和服务的产出水平，而且同样关注于环境资产在不同时期的增减状况。然而经济系统与环境系统之间的隔阂和障碍在于：将环境价值整合进国民经济核算中意味着环境商品和人造商品是可以交换的，但是环境商品作为稀缺资源遵循价格递增而非递减的规律，而且环境商品不能无限制地同人造商品进行交换。

3. 解决资源环境问题的市场化机制

生态经济学偏向于采用给资源环境定价的市场化方法，在经济系统中体现资源环境价值，实现自然资源的合理分配，而具有自上而下管理观点的环境管理学偏向于用政策和法律的手段解决环境问题。实际上，企业更愿意购买可商品化的生态服务，而不愿意缴纳具有很大不确定性的环境税或罚金。行政管理手段在宏观方向性问题上具有明显的效率，而具体到微观个体的物质循环与经济行为，遵循市场规律是实现环境目标的前提和基础。但是市场有序运转的前提是产权清晰，产权的清晰界定是体现环境价值，消除作为公共物品的生态服务因外部性造成市场失灵的有效手段。市场经济逐利性导致了环境降级，然而追根溯源，市场也是解决环境问题的根本途径。需要用伦理道德的观念重新审视传统的自利型的经济做法，只有将生态服务作为价值要素计入投入产出评估中，资源环境的稀缺性才能得到体现，才能够在更广的范围内进行环境要素的合理分配。生态产权的界定与交易是当今社会市场化处置生态商品的集中体现，欧洲的碳排放交易市场、国内的污染权交易系统、环境交易所的建立都是对市场化分配环境资源的有益探索和实践。

（二）生态文明在社会领域的体现

文明社会是不断进化发展着的，无论是成功的经验还是失败的教训都应该成为增强社会弹性和适应性的有效借鉴。近一个世纪以来资本主义市场经济体系以资本积累为唯一目标对生态资源和环境进行掠夺式开采利用，造成自然界对人类的报复行为：自然灾害频发。21 世纪将可能见证更多的不可预期的社会毁坏,气候变化和社会混乱之间的潜在关系成为环境社会决定论的重要支撑之一,在过去对于环境危机缺乏有效的解决办法时,会产生宿命论和无助感,造成社会动荡和贫富不均的加剧。在科技飞速发展的今天,除了采用生态技术方案应对环境危机外,公众舆情的预测和引导也是必不可少的。经济的无序扩张使生态恶化并带给人类以沉重社会成本,应当引起整个社会的警醒和反思,人类要竭力对自然进行修复并减少人为因素的负面影响。增强对不可逆转环境事件的适应性和应对能力,降低灾害对人类生命安全、经济文化发展造成的威胁与损害。历史证明,危机某些时候甚至可以消除社会分歧、激发合作的产生,成为增强社会弹性的好机会。尽管可以说人类发展历史是环境逐渐降级的历史,但同时也在毁坏和危机时期促进了人类适应能力和智慧的提高。

生态文明在社会领域的体现为人类集体同自然系统相和谐。人类是具备能动性和高级智慧的群体,其生产行为将不可避免地会干扰到自然系统,因此必须精心设计使这种负面影响达到最低值。例如,遵循循环利用与修复并重的原则,避免城市与乡村土地循环断裂、劳动力与资源再生产循环断裂的出现。自然生态系统平衡是社会稳定的基础,生态灾难可能给社会系统带来毁坏性打击,资源的持续有效供给也是社会得以持续发展的保障。在资源日益稀缺的背景下,水、土地、森林、矿产资源的分配问题可能会成为国家、民族冲突的根源。生态文明社会建设要求从全局的角度出发,协调各方面利益关系,实现各民族、社会群体的合作共赢,避免由于相互竞争而产生对资源环境的掠夺式开采,避免由于争夺资源而引起社会动乱与纷争。在全社会建立以平等、科学、智慧为特征的生态文明意识,推动社会朝着科学、可预见的方向发展。生态文明体现在人类行为活动中首先要消除超前消费、个人主义、拜金主义等行为与理念,将消费观念从数量向质量型提升,从有形的物质消费转向偏重于精神、文化的服务型消费,使人类社会生产生活逐步摆脱对自然资源的依赖。同时需要适当改变社会效用倾向,物质生产并非越多越好,生活质量才是追求的目标。在满足基本生活需求之后，可将更多的时间放在工作之外，增加同家庭、社会、自然相处的时间，建立和谐稳定的家庭、社会关系，提高对自然环境的关注和保护度。

社会是由不同的个体和组织形成的复杂和相互作用的群体，社会生态应当具备民主、开放、差异性等特点。良好的社会生态是防止系统熵增，保证社会朝着稳定、和谐、有序方向发展。平等、民主的社会生态能够促进社会成员之间形成相互合作、相互促进的关系，而不是一个群体主导另一个群体或单一的相互竞争关系。社会民主要求消除种族、性别、地区差异和歧视，实现更广范围、更加包容性的社会平等。社会生态平衡的重要特点是个体发展机会平等，机会平等是保障社会阶层之间沟通与流动的前提，是维护社会整体生机和活力的基本保证，在实践中集中体现为建立民主的管理制度体系。政策制定应该兼顾各个群体的利益，政策形成过程中应当引入公众参与，对政策形成起到实质而非形式性的建议、指导、检验的作用，使政策更具代表性和包容性。开放的社会系统应当能够和外界进行有效的信息和物质交换，增强社会系统的生机和活力，避免由于内部路径依赖而产生的僵化和停滞。社会差异性和自然界生物多样性具备类似的功效，不同分工的群体相互协作和共生才能形成运转良好的社会，全面发展的社会才具有更大的弹性和应对冲击的能力，从而保障每个个体的潜能得到充分发挥。需要注意的是，这种差异性指的是功能、类别方面，社会仍需要具备一致的主流价值观念，否则就难以在生态逐渐降级的背景下产生共同的应对方案和目标。一致性的价值取向能够保障社会成员有明确的是非观念，有共同的奋斗目标，共同抵制不良思想的侵蚀，使社会整体朝着和谐有序的方向演进。

（三）生态文明对生态系统进化发展的意义

生态整体主义信奉环境的内在价值而非工具价值，然而环境的内在价值不仅是当前可以观察到的实际价值，在人类思想和科学预见能力之外，同样存在着当前还未认识到的生态系统进化发展规律；也就是说某些生物种类、某种自然现象表面看起来同人类的生产生活没有实际联系，却通过自然生态循环以隐蔽的方式同人类及其他生物发生内在联系，共同实现生态整体平衡。因此，以平等、利他为核心的生态整体观要求尊重地球上所有生物的生存发展权，维护更高程度的生物多样性，实现资源的可持续利用。自然界中各类生物是动态演化的生命整体，从伦理规范的角度出发宣扬生态文明观顺应自然发展规律，能够从更长时间、更广范围维护地球生态系统的有序与平衡。

人类作为对地球生态系统影响最为显著的物种，具有比其他生物更高的智慧和能动性，有责任反思和调整自己的行为。以生态文明作为思想和行为规范处理人与人、人与自然之间的关系能够进一步促进世界和谐，保障各行为主体在不干扰和危及其他物种存续的条件下，从自然界获取自身生存发展所必需的物质资源，从而将人类智慧用于维护地球生态系统有序演化。生态文明意识是生态整体观在经济、社会、环境领域的体现，在社会主义现代化建设的新时期，践行生态文明是对中国古代优秀文化、马克思主义生态观的传承和延续；对于防御和应对自然灾害，提高生活环境质量具有积极的意义。在全球气候变化已经广为关注的背景下，通过以生态文明为主旨的环境保护行为的实施，可以有效缓解当前的政治和社会矛盾冲突，为寻找更好解决地球生态环境问题的方案赢得时机。生态文明建设也是全世界人民联合起来的新途径，共同的生态保护目标促使技术和文化交流进一步增强，国家与国家之间、组织与组织之间的沟通和合作进一步加深，从而为建设和谐统一的新世界提供桥梁和平台。因此生态文明是新时期人类借助对自身和自然系统价值的再认识，综合社会、经济、环境、伦理多方面因素提出的更高层次的文明观，通过生态文明意识在人与自然、人与人、人与集体社会之间的广泛实践，可以逐步提高生态子系统及系统之间的和谐有序性，促进稳定、开放的地球生态系统的形成。从系统论的角度避免内部熵增、提高系统整体可持续发展度，促进人类及其生存的环境朝着更为科学、有序的方向演进。

（四）现实生活中有违生态文明的行为表现及后果

1. 突发环境事件成为工业化以来普遍现象

工业革命以来，由于大量消耗煤炭、石油，林木、金属矿被过度开采，造成了各类严重的环境污染事件，尤其是突发性的环境灾害使生命安全、自然生态遭受巨大破坏。例如英国伦敦、比利时马斯河谷、美国洛杉矶的烟雾及光化学烟雾造成城市短期内成千上万人因呼吸系统疾病而死亡。煤炭燃烧形成大面积酸雨，美国20世纪六七十年代纽约州50%的河流鱼虾绝迹，酸雨致使加拿大安大略湖的湖水pH值达到3.4，比番茄汁还酸。德国著名的黑森林中30%以上的树木得了枯死病，树叶大面积枯黄和脱落。俄罗斯、日本等地发生的重大核泄漏事件使大面积农作物、土壤、水体遭受污染，并使十年后数万居民患上肺癌、骨癌、血癌等各类致命疾病。印度博帕尔地区氰化物泄漏致使2.5万人直接死亡，日本因汞、铬重金属污染造成的水俣病、痛痛病成为全世界因污染致病的典型案例，令各国至今仍引以为戒。除了这些累积性、隐蔽性的环境事件，还存在因人类不当开采或战争造成的突发环境灾难。例如，1972年墨西哥湾石油开采井喷持续320天造成5000万吨石油泄漏，致使墨西哥湾水域水生物绝迹。1991年海湾战争由于伊拉克、科威特原油基地被炸毁，大量石油流入海中形成面积达2万公里的污染带。

中国古代华北平原曾是河流遍布、水草丰美的地区。由于气候变化和历代以来乱砍滥伐造成严重的水土流失，黄河逐渐由清变浊，成为河流改道、泥沙淤积、决堤泛滥的象征。如今的华北平原是全国重点缺水区域。新中国成立以来发生数次严重的生态破坏。例如，20世纪50年代大跃进时期采伐树木大炼钢铁使全国绿化面积锐减。80年代至今的城镇化过程中，由于缺乏科学规划，受土地财政和形象工程的驱使，土地城镇化明显快于人口城镇化，造城运动又严重威胁着生态环境，政府一次次强调耕地和生态红线以保障全国粮食供应。

从20世纪80年代起，在企业利益最大化和以GDP为导向的动机驱使下，国内出现了以资源环境为代价换取经济增长的现象，表现为不计资源环境成本，生产规模大肆扩张，最终造成不良环境影响甚至环境危机事件。自1993年有统计资料以来，我国连续发生的环境突发事件达2万起，其中重大环境事件达1000件。特别是改革开放后由于化工、造纸行业的兴起，在缺乏必要的污染物控制措施下，大量河流湖泊被污染，生物多样性遭受严重威胁；由于城市人口的急剧增加、产业规模的不断扩张，为缓解用水危机而过度抽取地下水造成土地沉陷，自然水循环系统遭受破坏；危险化学物品污染河流等众多突发性环境事件给群众生命财产安全带来严重威胁。生产的无序扩张和低水平开展，除了直接引发污染物增加、生态环境恶化之外，还影响到更广范围的气候循环，导致极端气候事件和自然灾害频发。例如，1998年大规模洪涝灾害、2008年南方雪灾、2010年西部大面积干旱都是人类向自然过度索取，违背自然规律对其进行不合理的改造与征服的结果。人与自然组成整体系统的协调性需要人类以积极的态度进行整治与维护，否则就会由量变引起质变，导致生态系统朝着不可逆转的新次级生态循环演进，从而加速地球系统的衰落甚至消亡。把握开采生产过程中对自然影响的尺度，将其控制在环境容纳范围之内，实施边生产边修复治理的整体方案，是落实生态文明观，将人类利益同自然循环相统一的具体策略。实际上，在经历将近30年的粗放式发展、全社会付出显著生态环境代价之后，新世纪以来，中央和地方政府加大了对生态环境的治理力度，“两型社会”建设“绿水青山就是金山银山”理念的形成和推广使环境保护被提到前所未有的高度，新世纪以来生态环境问题受重视的程度不断提高，生态危机得到全方位应对和化解。

2. 不良消费习惯和落后的管理体制加剧了环境问题

随着我国居民收入水平的不断上涨，消费过程中也出现了较为普遍的奢侈浪费、拜金主义的现象，特别是在收入差距不断拉大的背景下，一部分高收入人群的消费观受到西方消费主义的影响，超出个人生活需要、不顾及环境影响进行违反生态文明理念的超前消费行为。我国历来有讲面子、好排场的风俗习惯，婚丧嫁娶通常要耗费大量人力物力进行操办，产生的开支甚至超出个人承受能力，这些不良习俗实际上是对资源的无谓浪费，违反节约、环保的生态文明理念。在显著的收入差距的背景下，生活在贫困线以下的落后地区和城市低收入阶层与以奢侈消费、高碳生活为时尚的高收入阶层并存，既给脆弱的生态环境施加了额外的压力，又是不平等而产生的社会矛盾和冲突的根源所在，对和谐社会生态的形成造成了障碍。因此，当前急迫需要树立绿色消费制度和观念，通过绿色产品认证、环境许可鼓励生产模式向绿色化、生态化转型；通过对环境保护的宣传教育提升公众生态文明意识，认识到践行生态文明是实现社会可持续发展的前提条件，是个人环境素养提升和社会公德培养的关键环节，自觉抵制不良生活和消费习惯，为生态文明建设作出应有贡献。

由于长期以来地方政府实行以 GDP 增长为导向的绩效衡量目标，各项组织架构设计、法律制度安排都具有维护经济增长的倾向性，而相对忽略对资源环境成本的计量与补偿。具体表现在资源税的设置水平过低，环境违法得不到有效的惩处，环境权益受到侵害存在“投诉难、维权难”的现象。由于环保部门同地方政府之间存在复杂的职权和利益关系，往往难以独立有效地承担环境监管职能，形成了缺位与越位并存、重复执法与执法漏洞同在的环境监管格局，严重降低了生态管理的整体效率。同时由于存在行政区域分割，需要跨地区、跨流域综合治理的空气、水、土壤环境难以实现空间上的统筹管理。环境作为稀缺资源存在着边际成本递增的规律，依据经济学规律应当随着技术进步与社会发展，环境资源投入的强度和规模应不断降低。然而在现实生产生活中，存在着相当程度的垄断和不公平，大型生产企业、少数富裕阶层占有着大部分的资源，以低成本消耗着整个社会的生态资源，而社会中更为多数的中低收入者与此同时又承担着前者产生的环境负外部影响，生活质量进一步降低。这种利益分配格局同平等、包容的生态文明理念相违背，是社会矛盾冲突的重要来源和和谐社会建设的障碍所在。

现代经济社会发展也是工业化和城市化不断推进的过程，伴随着生产规模的扩张和人口集中度的不断提升，城市化过程中的建筑、道路设施建设，生产规模化，消费升级都对生态环境产生不容忽视的影响，城市化进程的质量高低直接决定着我国当前生态文明建设水平。由城市化所引发的生产集聚与机械化水平的不断提高,造成对煤炭、石油、电力等能源需求的上涨,化石能源消费所产生的环境污染是城市现代化过程中突出的矛盾冲突。以人口数量增长与规模集聚为特点的城市化会引起城市生产生活废弃物的急剧增加,环境治理净化设施与服务的提供将面临巨大压力。当前我国大、中、小城市普遍存在着垃圾回收能力不足、废弃物循环利用水平低的问题,每年由于城市固体废弃物占地、生活用水污染给经济发展、公众健康造成不容忽视的负面影响,因此需要对城市垃圾采取分类回收、无害化处理的办法降低对环境的破坏效应。随着城市居民收入水平的不断提升,现代交通工具汽车消费数量随之增加,在给人们带来出行方便的同时,也造成了交通拥堵、事故增加、尾气排放等棘手问题。目前,我国北部和中部地区雾霾天气都同城市交通有直接关联,是社会发展和科技进步过程中对生态文明理念的违背。这些都需要用科学的管理方法、绿色技术创新逐步加以解决。生态文明建设并非要求世界运转回归到原始农耕文明时代,而是用现代化的方法手段化解矛盾危机,在维护生态文明的同时实现经济社会进化升级。

四、生态文明建设方针政策分析

(一) 总体政策方案

生态文明建设是一项系统性工程,需要综合财政、金融、法律、市场建设等多方面力量,将生态文明的原则与理念落实到社会生产生活各领域。生态文明建设可采取自上而下的政策推广方式,也可采取自下而上的公众意见反馈与方案征询、检验机制。生态建设作为具有显著市场外部性的长期工程任务,需要科学的方针政策指导,需要各管理部门相互协调配合落实生态文明政策与规划。首先,推行有利于生态文明建设的绿色财政制度,推动财税体系结构性改革。逐步降低消费税、增值税等一般税种的份额,提高环境税的征收额度并使财政支出向环境保护领域倾斜。改变污染费征收水平过低和定向征收的局面,用环境税替代污染费以建立长效和规范化的环境补偿制度。将环境管理任务下沉,赋予地方政府在解决环境问题方面更大的财权和事权。其次,依据地域特点加强生态补偿机制建设,实施严格的生态功能区规划,对经济较为发达的地区实施更为严格的环境税费标准,对具有重要生态功能的国家贫困县区可放宽经济指标评级要求,在控制高排放高耗能产业增长的同时对当地经济与环境建设予以更高补贴。划定自然保护区范围,鼓励生态旅游、生态农业等产业的发展,对保护区周边居民实施环境知识教育培训,为其创造更多服务于当地生态保护的就业机会。最后,按照生态主体功能区规划,对具有重要生态与经济意义的自然资源加以重点保护,对采矿、建设土地征用等具有显著生态影响的经济社会活动予以科学规划。实施水污染和土壤污染协同共治,加强水源地水质保护与治理工作,强调全流域综合治理,监控重点污染源并促使生产者采取有效消减措施。创新资源管理方式,以谁污染、谁付费为原则推行水权交易,以境内流入断面水质与流出断面水质差值为标准确定横向区域污染补偿水平。制定矿业区生态治理与修复规划,征收矿业环境保证金,对水土流失、土地荒漠化、土壤污染等问题进行集中整治,逐渐恢复矿区生态功能。

以促进能源节约与保障能源供应为目标,推进能源价格市场化改革,形成由市场供需决定、体现能源稀缺性的价格机制。实施抓住中间、放宽两头的电力管理体制改革策略,即发电和供电分别由多家企业共同参与,以防范因为垄断造成的高价格与低效率;国家电网统一管理电力配送以保障电力安全供应。把交通节能作为能源总量控制的重要抓手,通过强制措施和补贴政策加大老旧车辆的淘汰力度、加快燃油品质提升速度。编制自然资源资产负债表,按期统计资源环境增减情况,上任领导离职之前须向下任盘查核实在任期间生态资源损耗与补偿,建立体现生态文明的行政管理制度,使生态保护作为重要指标列入干部业绩考察范围内。

广泛动员社会力量参与生态文明建设,更多使用市场化的方案,例如采用PPP、P2P等模式吸引民间投资加入环境基础设施建设，以撬动社会资本、拓宽项目融资渠道，增强环保项目的社会影响力和带动力。鼓励环境中介服务机构、环境科技服务机构的成立和运营，为各地生态建设搭建有效桥梁，提供必要支撑。创建公益性质的环保基金，实施透明、规范化的基金管理和运作机制，增加环保志愿者数量，壮大环保支持者队伍，广泛集结社会力量同违反环保的行为和理念作斗争。完善生态建设相关法律法规，明确环境责权归属、简化环境诉讼流程，提高环境诉讼受理率，使环境利益受损者能够依靠法律制度捍卫自身权利。

加强社会生态文明建设，以和谐社会为目标原则积极化解各种社会矛盾和问题。首先，完善相关法律法规使社会公平正义能够得到法律的保障和维护，推行以人为本的社会管理体制，推进居民平等的生存权、受教育权利、工作权利、社会保障权利。其次，强化政治生态建设，打造高效、廉洁的政府形象，促进行政管理规范化与透明化，打击各种腐败与特权行为，通过民主公平的管理体制的建立与推广促进社会生态朝着和谐、繁荣、有序的方向演进。最后，组建各类能够起到调解和促进作用的社会组织，如行业协会、环保组织、民间教育与慈善组织，对政府职能加以补充和完善，借助此类组织有效收集、反映民众诉求，及时处理各种矛盾和纠纷。建立居民生存权得到有效保障、科学技术得以推广应用、资源环境得以节约和保护的更广意义上的生态文明，使社会主义制度的优越性能够更加充分地体现出来，增加区域、民族的整体凝聚力，维护国家的长治久安和和谐繁荣。

（二）各具体领域落实生态文明的方案与途径

1. 产业

以党的十九大精神为指导，认真学习与深刻理解政府工作报告关于生态产业建设的具体内涵和要求，践行生态产业化与产业生态化、绿水青山就是金山银山的新发展理念，将生态文明融入产业发展的各个阶段和环节中。重点通过技术创新和管理优化提高产业生产效率，通过产业结构优化升级促进生产的去物质化转变，改革完善生态产业政策架构，从整体上构建节能环保型产业体系，促进资源节约、环境友好型社会的建设。大力发展循环经济，实现资源循环利用和废弃物排放减量化，通过技术创新与引进相结合逐步提高能源和物质利用效率；强化上下游企业之间的生产合作，实现生产过程中的能量梯次利用和废弃物资源化，从整体上降低废弃物的排放量。加强企业环境监督和治理力度，确保脱硫、脱硝、除尘设施的安装应用，对能够采取有效环保措施并取得良好环境效益的企业予以一定的税收优惠。对新建项目进行严格的环境评审，实施环境指标不达标一票否决制，逐步扩大用能、污水排放的实时在线监控范围，及时了解资源环境动态信息，实施从源头监控的环境管理方案，增加环境信息的透明度、提高管理措施的针对性和有效性，从而防范重大环境事故或累积性不良环境影响的发生。

按照国家节能减排技术要求，积极推动钢铁、水泥、煤电等落后产能淘汰和重点行业节能减排技术改造。从产业优化升级入手，积极引入先进适用型技术，推动产业组织结构优化重组，实施高耗能、高排放企业集群化发展战略，借助规模优势和创新优势提高经济环境效益。筹建各类生态产业园区，通过产业科学规划和园区内环境设施共享实现系统化的生态产业建设。经济发达地区在生态建设方面要起到示范引领作用，并注重同其他欠发达地区的交流合作，实现生态环境跨流域、跨区域整体治理的目标。逐步发展壮大环保、科技产业，充分发挥现代服务业的桥梁和辐射功能，通过产业科技化促进产业体系整体效率的提升，通过生态技术与观念的推广实现资源节约和环境优化。继续推进现代服务业提质增效，积极发展人工智能、5G 通讯、物联网技术，以技术创新带动生产制造业升级，建立经济系统低消耗高产出、内涵式发展模式；在淘汰低端产业的同时，发扬工匠精神，创造更多高质量、高附加值的产品品牌，走现代服务业引领，生态环保型的发展模式和道路。通过产业结构的优化、要素资源投入的减量化和科技化，在提高经济附加值的同时，逐渐降低经济社会发展对资源环境的依赖。

2. 能源

充分发挥我国地域广阔,可再生能源丰富的优势,大力推进新能源与可再生能源的开发利用。逐步提高风机装机利用率,在我国西北、东北和东部海上风力资源丰富的地区建造规模化风电场,建设形成能源互联网,提高可再生能源输送和消纳水平。依托我国农业产量高、农作物品种丰富的优势,积极利用秸秆、牲畜粪便等农业副产品开发生物质能,实现农业废弃物和污染物减量化排放与农村能源供给增加双重目标。推广应用分布式光伏发电,更多在屋顶、道路、蔬菜大棚上安装光伏发电设备,提高清洁高效能源的利用率。逐步建立互补能源供给模式,例如利用光伏—生物质能联合供电以有效避免能源供给的季节性短缺,而光伏—风能发电模式则将会缓解电力供应的时段性矛盾,增强电力供应的稳定性。在开发可再生能源的同时加强传统能源的改造升级,例如研发和推广清洁煤技术、用秸秆制造压缩式生物燃料。为提高能源转化率、降低电力、煤炭运输成本,减缓由交通运输量增加带来的负面环境影响,可增设高压电网以降低耗损率,延伸煤炭产业链条,实现煤电化、煤气化、煤液化的转化;推动石油加工利用技术改造,大力研制、生产低硫、低铅的高质量成品油,降低交通燃油产生的废气排放。逐步改变我国终端能源消耗煤炭比重过高的局面,优化能源结构,提高环境效益相对好的天然气的消费份额,开发地热资源、风电资源用于农村地区冬季集中供暖,逐步实现高效能源和可再生能源对煤炭的替代。加强能源供给、输送、分配各领域的监督管理,拓宽能源供给的渠道,打破能源供给的垄断局面,理顺电煤价格、探索实施电力直供、价格协商制度,从而建立高效率、低成本的能源生产与供应体系。

3. 交通

遵循公交优先的原则,形成绿色交通运输体系。加强城市慢行线路的建设与维护,鼓励市民选择步行或非机动车出行方式。严格执行新环保法的规定,逐步淘汰废旧车辆,增加高标准汽油的使用率;对新能源汽车购买使用在一定时期内实行税收与价格双重补贴政策,推进新能源汽车生产技术的及时更新换代，提高新能源汽车的总体消费量。进行合理的交通运输线路设计规划，加强交通规划的连贯与一致性，减少大规模道路与设施改建重建的频率，在现有条件下尽可能缩短运输距离和换乘次数，实现车站、港口、飞机场等交通站点间快速、顺畅连接；大力推进货运体系节能减排，鼓励高效率的接驳运输和甩挂式运输，通过减少空车率降低运输经济和环境成本。依据地势地貌特征，构建铁、陆、空、水多式联运体系，建设并完善交通信息平台，借助信息化手段对运输系统进行实时监控和合理调度，以更大程度节约人力物力资源，减轻货物运输对能源环境造成的压力。

鼓励提高新能源汽车消费使用份额，在新能源汽车价格减免的基础上加强相关服务设施建设，于公路旁、公交站点、加油站等地点增设充电设备以方便新能源汽车的推广使用。鼓励政府公务用车优先采购新能源汽车，提高城市公交设施中新能源汽车的比重，争取在2025年新能源汽车的市场份额可达到10%以上。推动城市基础设施的完善更新，着重建设城市地下通水、供气管道，降低资源管道运输漏损率、提高城市防涝抗旱能力；加强雨污分流系统建设，以减少污水排放，降低污染治理成本。注重新管道与原有管道系统之间的衔接一致，严厉禁止个人或单位私搭乱建管道设施。借助现代化的信息管理手段，形成科学规划、合理布局、高效运转的交通运输网络。及时有效处理各种违规行为，实现整体上的交通节能与安全运行。

4. 城市建设

以生态文明为原则和目标推进新型城镇化建设，将节能、节地、节水、节蔡的观念和做法贯彻到城镇化建设的各个领域。首先，着重推广绿色建筑，建造房屋的过程中尽可能多地使用空心砖、粉煤灰砖等绿色建筑材料。依据当地地势和气候特征，形成有利于自然通风、取暖的房屋建造格局。北方地区建筑中倡导使用集中供暖、地源热泵等有利于能源节约的供暖方式，南方地区夏季可推广使用深层江湖水制冷以取代电力空调。建设城市绿色照明体系，安装道路、广场新能源存储与转化系统，更多使用太阳能、风能等可再生能源提供道路照明。制定科学的能源分配与供给方案，实行城市公共照明时间按照季节、区域调整的策略，以达到整体节能目标。其次，推进城乡一体化进程，形成大中小城市互动、高效便捷的城镇管理系统，精简管理职能部门，简化经济社会事务办理流程，城乡互动、统筹安排产业发展、环境治理、设施建设等任务，降低由于设施重复建设、产业结构趋同、部门规划之间的矛盾冲突造成的人力物力浪费。建设高效便捷的城乡交通网络系统，加快城市圈、城镇带同城一体化进程，通过规模化生产和集中交通建设布局促进城市能源效率提高。再次，形成大范围内功能明确，小范围内适当混合的城市规划布局。注重区域内职住平衡，完善居民点附近的购物、医疗、金融等服务设施，方便居民生活、节省出行成本。最后，推进城市绿化建设，在城市中形成更多的绿色开放空间，既可以涵养水源、净化空气，又是居民休闲娱乐的好去处；注重城市自身生态功能的维护和完善，依据河道和山脉走势建设绿色走廊、风景林带，形成自然的生态屏障以促进城市生态平衡。

5. 环境管理

以物质能源循环利用、污染物排放减量化为目标，加强对生产生活垃圾的清理回收工作。建立标准化、流程管理的废弃物清理回收模式。使用封闭式的垃圾箱投放居民生活垃圾，按照可回收和不可回收对垃圾进行分类处理，使用密闭、可拆卸式运输车将垃圾运往中转站，采取专业化手段分类拆解回收，防止电子废弃物回收过程中出现的化学物质和重金属二次污染，杜绝不恰当的垃圾焚烧、填埋方式造成的有毒物质排放。在农村建立固定的垃圾投放点，以防生活垃圾随意堆放占用土地和影响村容村貌。强化对工业垃圾尤其是危险废弃物的回收管理。安装环境信息监控系统，对空气、水、土壤环境质量实施实时检测与上报制度，防范累积性环境危害事件的发生。进行跨地区、跨流域环境综合治理，加强部门之间的协作配合，实现从源头消减污染，防止污染扩散和二次污染的发生。完善环境产权交易制度，具体来说先划定资源环境权力所属，再在统一的制度与标准下实施有偿转让制度，例如使污染环境的一方向环境权力所属一方缴纳环境补偿金。更多使用经济手段解决环境外部性问题，在总量限定的条件下各污染单位对排污权进行转让与买卖，或尝试实施湿地银行和地役权制度。前者是在生产活动方占用湿地之后在其他地区投资建设相同面积的湿地予以补偿；后者是指政府向农户购买地役权支付退耕还林的费用，然后由农户对林地实施看护和治理。

提高环境信息的透明度，在更广范围内推广安装 $PM_{2.5}$ 空气质量监控站点设施，并及时公布空气环境质量，提示公众采取有效措施以减轻污染物危害，督促相关生产及管理部门及时消减污染源，保障区域内环境质量达标。建立环境保险制度，大范围内收取保险金。其中一部分用于突发环境事件的治理，一部分用于返还甚至奖励环境管理绩效突出的企业。通过这种互助形式的环保资金筹集既提高应对公共环境风险的能力，又增强企业环境风险意识。建立并完善碳排放、能源、污染物交易中心，通过市场化的手段体现资源环境价值，促使生产者将环境负外部性纳入生产成本中去。定期公开企业环境信息，加强公众监管职能，使环境影响成为企业品牌形象的重要组成部分，督促企业自觉采取节能减排措施，维护企业公众形象。严格执行新环保法，使环境影响成为项目审批的必要环节，例如提高环境准入标准，对未按期完成环保任务的单位实施按天计罚制度等，加大环保制度对污染者的惩戒力度，使资源环境保护成为同经济增长相并列的政府工作目标。

生态文明是人类社会继渔猎文明、农耕文明、工业文明之后的更为先进与科学的文明方式，建设生态文明可以更为充分地体现社会主义优越性，推动经济社会朝着更加和谐与可持续的方向发展。生态文明要求人们以更加整体系统的视角审视人与社会、人与自然之间的关系，树立更为平等的价值观和世界观，重视人类行为活动对自然生态、社会生态造成的综合影响，并采取有效措施将各种负面影响降低到最低程度，促进形成资源节约、环境友好、社会和谐的文明有序的环境氛围。

第二章　中国生态文明建设的战略意义分析与实证测度

一、生态文明的实践意义与建设机制构建

当前社会各界正在讨论人们对环境所负义务的具体性质，针对这个问题仍存在许多争议和未解决的问题。几百年来我们对自然世界的道德反思和四十多年来对环境伦理的专业研究证明，人类对其他生物和环境系统负有基本的义务，尽管人类还不完全清楚如何利用现有的知识来衡量这些义务。无论是科学研究者，还是对自然实施保护措施的管理者都会在决策制定时或多或少忽视：人类行为对动物福利、物种多样性的潜在影响。对这类影响的忽视将提高自然灾害的发生风险，未从根本上认识到生态资源的经济社会价值，将造成人类发展演进过程中环境、经济、社会三重基线的矛盾，不利于全球及区域长期可持续发展。生态文明建设离不开科学的制度安排。无规矩不成方圆，只有形成一套有效推动生态文明建设的奖惩机制，在全社会树立绿色、创新、开放的意识，才能够使生态文明建设常态化和规范化。政策体制应该是集成化的，通过法律、税收、金融、社保等各项政策的相互平衡和叠加推进使生态文明在环境、经济、社会各维度都能有序充分落实。生态文明建设需要突出创新特质，需要采用创新型政策，比如划定生态示范区、建设生态产权交易机制；还需要适时推进生态技术创新，在保持经济快速增长的前提下实现节约和环

保。否则,没有增长就吸纳不了新增就业,没有增长就没有居民收入的持续提高,以环境领域生态文明换取社会生态文明同样是不可持续的。因此,需要发挥各方面力量,形成合力和共识,以低交易成本、高创新水平推进生态文明的持续化建设。

(一) 生态文明建设的实践意义

1. 深刻认识和强化生态文明战略地位是历史发展的必然

我国经历了漫长的封建社会,创造了灿烂的独具特色的中华文明。鸦片战争以后,以农业文明为主导的中华文明受到了西方工业文明的冲击和影响。经过一百多年的艰难探索,我国逐步学会利用技术创新、市场竞争、经济全球化等工业文明的成果,走上工业化和城镇化道路。改革开放初期,邓小平提出三步走战略。20 世纪末已经实现前两步目标,2000 年我国国民生产总值为 1980 年的 5. 5 倍,超过了“翻两番”的目标,人民生活基本实现小康。

从收入上看,按照世界银行分类标准,2019 年我国 GDP 总量达到 17. 3 万亿美元,全球排名第 2;人均 GDP 达到 10276 美元,全球排名第 72,达到世界中上等收入水平。但是,现代化目标的实现,不仅是“全国人均”概念,更需要社会收入的相对公平。2019 年,城镇居民人均可支配收入是农村居民的 2. 64 倍,虽然比“十二五”期间有所降低,城乡差距、贫富悬殊和地区差异客观上仍然存在,实现创新发展和巩固脱贫成果是未来区域建设的两大主题,需要采取多种举措进一步缩小人群和地区收入差距,实现共同富裕。从工业化进程上看,我国已经步入工业化中后期,其中北京、上海、天津已经步入后工业化阶段;长三角、珠三角和环渤海地区的一些省份已处于工业化后期阶段。2019 年,我国 100 多种轻工业产品产量居世界第 1 位,煤炭、稀土、钢铁等资源型产品在全球也处于垄断地位,世界各国对于中国商品的依赖度在不断提高,同时收入提高和产业升级也带动了进口规模的快速增长。但是,生产和贸易的快速发展带来了能耗的增长,2019 年我国总能耗达到 48. 6 亿吨标准煤,是 2011

年的1.4倍,其中原油和天然气消费出现快速增长的趋势,原油对外依存度达到71%。工业粗放式扩张,不仅能源资源难以支撑,市场空间也将受限。因此,生产方式必须转型,工业文明所附带的利润导向、破坏环境、忽略公平和浪费资源的弊端必须摒弃。

从城市化进程来看,我国2019年城镇人口为8.5亿,城镇化率达到60.6%。而且城镇化进程仍将继续,有望在2030年达到70%左右。如果我们追随工业化国家的城市化模式,土地资源、水资源和能源不可能支撑中国如此规模的人口从农村迈向城市,绿色低碳城镇化才是中国未来的必然选择。因循工业文明的价值观及其指导下的生产方式和生活方式将严重制约我国"两个一百年"目标的实现。中国特色社会主义,不可能也不应该全盘套用资本主义的"工业文明",而是要在充分汲取工业文明的科学合理内容基础上,以生态文明推进中国经济社会的绿色转型、实现可持续发展。

2.确立"生态文明观"是创新中国特色社会主义理论体系内在要求

首先,建立科学系统完整的生态文明理论体系,并以此充实发展中国特色社会主义理论体系。在进一步加强中国传统文化中的"生态观"和生态马克思主义研究的基础上,深入研究中国特色社会主义的本质要求和发展规律,借鉴发达国家绿色低碳发展的理论、案例和政策机制。结合中国生态文明建设的具体实践,创建生态文明理论体系,明确"生态文明观"指导地位,将其作为指导中国未来政治、经济、社会和文化建设的思想基础。其次,将生态文明作为社会主义核心价值体系的基本内核。生态文明代表人类社会未来的发展方向。要进一步总结提炼生态文明的核心思想,将其作为社会主义核心价值体系的基本内容,对内加强宣传教育,让广大人民群众树立正确的价值观,对外形成国际主流话语体系,抢占国际社会道义制高点和意识形态阵地,确立中国话语的引领地位。最后,构建以生态文明观为指导的哲学社会科学体系。通过深入研究生态文明观,创新和发展马克思主义,形成以生态文明观为指导的哲学、经济学、法学、社会学等社会科学体系。加强生态文明建设的机制、政策等应用研究，重点开展环境要素和资源价格形成机制、资源有偿使用制度和生态环境补偿机制等方面研究，在传统哲学社会科学理论中添加生态文明建设的内容和要义。

3. 以生态文明为理念和原则推进新型工业化和新型城镇化

我国正处在工业化和城市化快速推进阶段，要避免大规模基础设施建设带来高能耗、高排放的"锁定效应"，就必须把生态文明的理念、原则和方法融入到工业化和城镇化的全过程和各方面，走新型工业化和新型城镇化道路。新型工业化就是要"扬弃"工业文明的价值观和生产方式，抛弃功利主义和掠夺自然的价值观，改变线性生产和粗放扩张的生产方式，加强可再生能源技术、资源循环利用技术和污染减量化技术的研发和推广应用，紧跟人工智能、3D 打印技术等新一代国际制造业技术革命，抢占新一轮技术和产业竞争制高点，推动新技术的产业化发展，开拓绿色低碳新型产业，提高生态经济效率，逐步建立起符合生态文明要求的结构优化、生态高效、资源节约、环境友好的产业发展体系。同时，进一步推进改革开放，废除工业文明价值观下形成的生产方式和管理体制，以生态理性取代经济理性，建立生态文明观指导下的经济制度、体制机制和市场体系，形成有利于工业化发展的制度环境和市场环境。新型城镇化就是要在生态文明观的指导下，改变工业文明价值观下的产业发展导向、城市规模粗放扩张的模式，走以人为本、人与自然和谐的城镇化道路。以产业发展为导向的城镇化必然导致城市能耗过快增长、环境污染、土地资源浪费等问题。新型城镇化的核心是人的城镇化，产业发展为人的全面发展服务，就是要把城镇建设成为环境优美、宜居宜业的场所，就是要建设布局合理、产城融合、城乡一体的绿色低碳城镇体系，使城镇化与新型工业化、农业现代化、生态保护和人的全面发展融为一体。

4. 生态文明建设有利于破解经济社会发展的突出矛盾和重大问题

我国目前经济社会发展面临的"不平衡、不协调、不可持续"的严峻挑战正是工业文明背景下快速工业化、城市化的集中体现，要通过生态文明建设，转变发展方式，逐步破解经济社会发展中的突出矛盾和重大问题。

第一，要通过生态文明建设，保障国家能源安全、资源安全、环境安全。近年来快速工业化和城市化导致我国能源和资源消耗快速增长、环境急剧恶化，能源安全、资源安全和环境安全问题上升为国家非传统安全的主要方面，威胁着经济的持续发展、社会稳定和国家安全。需要加强生态文明建设，通过提高能源利用效率，发展可再生能源，为生产生活提供清洁、廉价、稳定的能源供应，保障国家能源安全；通过发展循环经济，推广资源综合利用，提高资源利用效率，保障水资源、国土资源和矿产资源供给安全；通过控制和减少污染物排放，加强水污染、空气污染、土地污染等环境综合整治，实施生态保护和建设，保障环境安全。

第二，要通过生态文明建设，调整收入分配，促进区域协调发展。区域发展不平衡，居民收入差距过大，贫富悬殊，是我国经济社会发展过程中的一个突出矛盾。而区域发展不平衡和居民收入差距过大部分原因是资源禀赋和生态环境差异导致的。需要加强生态文明建设，通过优化落实生态功能区划，突出区域生态特色，优化产业合理布局，加强区域间生态经济联系，建立区际、省际绿色产业链，以区域间协作和联动实现共同富裕。推行生态定价，实施生态补偿，建立能反映生态稀缺性的市场机制，以贯彻生态公正原则，保障人民享有生态民主、生态福利，缩小区域间、群体间由于生态功能差异导致的发展差距和贫富不均，推动区域协调平衡发展。

第三，要通过生态文化建设，引领国际舆论，增强国家软实力。我国已经成为世界第二大经济体，国际影响力不断上升。但我国要真正成为世界强国，必须有一套主流的具有普世价值的话语体系，占领国际道义制高点，为世界各普遍认同。长期以来，西方国家以民主、人权、气候变化等议题，以人类共同利益的名义，占领道义制高点，向世界各国推行。生态文明是人类发展的共同理想，是文明的最高形式。要改变西方国家出题，我们穷于应对的局面，就要加强生态文明建设，倡导生态伦理，普及生态意识，将生态文明价值观上升为民族意识、主流思潮和时尚观念。丰富生态文化建设内涵，挖掘中华民族传统文化中的生态思想，构建系统的中国特色的生态文化体系。同时，加强生态文明价值观的宣传和对外推广，提升国际舆论话语权，增强中国文化软实力、提升国际地位。对所有区域和社会来说完全的自给自足是不可能也不需要的，但是对于类似食品、水、房屋这类资源来说，应当朝着自给自足的方向努力，各地区需要借助相应的技术知识来低成本、高效率地实现这一目标。自给自足也包括使用小型的太阳能、风生物质能等可再生能源，减少对大规模的、长距离运输的能源设备系统的依赖。工业品的生产分配应当基于生态原理和闭路循环运转系统，粮食生产也要尽可能利用分布式能源和绿色农资，逐步实现以技术换资源的可持续发展农业。

（二）生态文明机制建设形成要点

1. 生态文明建设需要科学的制度选择

有效的制度安排是实现生态文明的前提。制度被定义作一系列文化标准和法则，对特定文明体制下的经济、宗教、政治和教育形成的规范和约束。制度作为解决问题的实体使社会行为同环境相适应，形成对文明的一致性认同。当环境发生变化而现行的制度框架不再适应现实情况时，社会群体必须识别和克服障碍，促使制度框架发生转变，否则就将面临不可持续甚至倒退。① 社会制度在历史发展进程中不断地选择调整，以同当前的生产力水平和社会文明趋势相适应，文明进化也不可避免地发生在制度选择过程中。制度具备降低人类活动判断标准复杂性的功能，凯普（Kapp）高度赞扬了这种复杂性降低的重要性："同动物固定的生存模式相对照，人类试图一代代尝试、取得、转化相对固定的生存模式，如果没有这种选择性和固定的生存模式，人类将会被基本的、必须处理的生

① 参见 Valentinov V.K.，"William Kapp's Theory of Social Costs：A Luhmannian Interpretation"，*Ecological Economics*，2014，No.97，pp.28–33。

活问题所累倒，这种固定的生存模式被上升到宏观管理层面就是制度框架约束。”①制度可以产生相当水平的自制，引发社会转型中公理化的选择，然而制度同现实状况不一定都相适合，制度可能超前或是滞后于所处的时代背景。

新古典经济学经济无限增长的假设只有在没有资源限制的条件下才会实现，生态服务作为公共产品被免费使用必然会导致的结果是，自然资源以不可持续的超出地球承载范围的方式消费，在理性人的条件下资本向少数人积累，国家或区域在实现经济增长的同时大部分人的生活福利水平却降低了。GDP 实际上衡量的是成本而非收益，正如当前能源和食物的供给不断下降，而其价格在上涨推动 GDP 的增加，但是所能够提供的福利却是在下降的，所以应当用福利指标来衡量生活满意度。贝多(Beddoea)提出：“社会太过于关注私人产品的供给，相对忽视了例如教育、设施、公共保健，这些能够提高生活质量的公共产品。”②今天我们不仅应该意识到由自然提供的公共产品的重要性，而且发现市场化的商品生产实际上损坏了这些公共产品。在利益驱动下的生态产品和服务的市场化必然导致生态危机，我们的目标需要转向在最小化 GDP 的条件下，维持尽可能高水平和可持续的生活。

从宏观制度层面加以约束和限制是从工业文明转向生态文明的必要途径之一，需要在承认物质限制、自然系统的复杂性的前提下，建立更为现实的人类行为利益观，对社会生态体制进行综合性设计。首先，要改变衡量经济、社会效益的传统标准，不再把产出最大化、居民消费水平提高速度作为国家文明进步的象征，而是将包括收入水平、社会公平、公共服务、环境质量等在内的综合福利指标纳入发展水平的评价体系，并以此作为制度制定的原则和标准。其次，从资源保护的角度讲，要建立明晰的生

① Kapp K.W.,“The Foundations of Institutional Economics”, Routledge, Press, London, 2011.p.36.

② Beddoea R., Costanza R., et al.,“Overcoming Systemic Roadblocks to Sustainability”, *PNAS*, 2009, Vol.106, No.8, p.2486.

态资源产权关系，使生态服务不再作为公共产品被无偿使用，而是转向有产权界限可以市场化交易的产品，从体现资源稀缺度的目标出发对生态资源加以保护。再次，实现生态资源管理的信息化和透明度，形成社会成员之间相互信任、自觉规范的公共资源管理使用机制。需要注意的是管理公共资源的有效机制是来自各层面的信任，信任可以提高公共产品的性能而不至于将其私有化，公共信任能够有效促进保护公共产品的信息和技术产生，进而储存和维护自然资源。最后，完善相关生态环境管理法律法规，强化政策执行力度，形成对资源环境保护的硬约束。因此，制度的设计和实施对于落实生态文明具有重要意义，如果社会制度不具备相当的灵活度和适应性，或面临压力时进行不明智的选择，则文明必然被禁锢而难适应变化了的环境，就会产生社会倒退。相反，假如我们的社会可以克服路径依赖和不利的制度锁定，文明的进化将会推动社会朝着最为适应新环境的制度方向改进。我们应当更好地预期未来，更加有效地设计制度变量组合，通过创造新的文明标准——生态文明和改变驱动文明选择的目标——从经济增长到福利增进，综合提高经济、社会、环境效益从而实现更高层次的文明。

2. 实现生态文明需要创新性思维

建设生态文明需要采取开放的视角、创新的思维，吸收西方文明中科技进步、制度规范的优点，传承中国古代文明关于人与自然和谐相生的哲学智慧，建立古为今用、洋为中用并得到广大人民群众拥护和国际社会承认的可持续性的文明方式。生态文明不仅需要自上而下制度规则的约束与号召，更需要重视微观个体对于生态文明概念、内涵的理解，以及作为社会一员应当为生态文明建设所尽的职责和义务。通过自上而下的贯彻和自下而上的响应，将生态文明作为一种新的社会共识落实到生产生活各个领域。生态文明作为一种新的文明形式在其实现过程中会出现许多以往所未遇到的问题，例如对环境价值的衡量、生态伦理的实现方式、新消费观树立的途径等，需要采取创新性的思维和管理方式，综合各学科知识，运用市场和政策相结合的手段加以解决。通过环境产权交易制度、环境补偿金等体现资源环境价值;借助现代化的通信和监测技术进一步掌握自然环境变化规律,以采取更加科学有效的环境保护方案。利用网络、电视、广播等新兴的媒体传播途径向群众宣扬生态文明理念,普及环保知识;政策管理者也需要改变用 GDP 衡量经济管理效率的既往做法,将环境作为要素纳入经济投入产出系统中,实现从宏观领域促进社会向注重生态文明、维护人与自然和谐性的方向发展。

生态文明为世界各国管理实践提出了新的任务和挑战,以生态文明为社会伦理和行为准则将会促进世界朝着一体化融合、文明进步的方向发展,相反忽视生态文明建设必将被主流世界所抛弃,成为封闭的边缘化群体。生态文明建设需要采取创新性的思维方式,集合群体力量,在条件允许范围内制定有利于体现平等、科学、包容性特点的实现方案,使生态文明成为指导我们抵御自然灾害、促进社会和谐、实现可持续发展的基本方针和原则。

3. 跨学科的合作与协调是实现生态文明的必要手段

环境管理是一门综合性的学科,需要从科学、经济、伦理、哲学等多方面进行价值分析和判断,从而采取既有利于实现环境保护又能保障经济发展,既有利于新技术的研发应用又能维护社会伦理价值、实现公平正义的政策决定。环境伦理作为环境价值观的核心,集中研究生态保护实践中产生的哲学问题和冲突,如果环境伦理同具体的科学实践相脱离,抽象讨论环境价值则不能真正解决实际工作中和伦理相关的矛盾和冲突。因此,环境伦理哲学应该更偏向于实践和问题导向,生态研究和管理不应当只由环境哲学家作为具体的哲学问题提出。与之相反,如果科学家只是针对具体的某一技术或某一地域进行科学研究和管理,科学成果将可能是违反生态伦理道德的,容易作出片面的决断而不能对生态管理实践进行综合有效的指导。特别是由于科学家和生态管理者在日常工作中面临的伦理问题日益突出,社会成员应当进一步认清这些现实,更多地考虑到科学和技术的社会效应,群体道德标准的内容和要求。因此,同环境管理各领域相关的学科具有各自的价值导向和关注重点,各专业科学伦理范围的复杂性和道德的矛盾性决定了：自然科学和社会科学的发展的大趋势是制定系统性的规则，解决如何将伦理思维同制度文明和专业学科相融合的问题。

因此，伦理学家、自然和社会学家、生态管理者应当形成联盟，以研究在生态和管理科学中分析解决问题的办法。如果这些人不能组织起来对问题进行逐步识别和分析并且建立起相应的智能体系，那么伦理维度的生态研究和管理会因为政策和学术的相互脱离而难以深入进行。生态环境的研究具备一定的统一性，即需要在考虑多重环境影响利弊的条件下，选择既可以使环境治理成本最小化又符合环境伦理公平、系统性要求的政策方案。实践中如果可以组织包括多学科的专业人士进行系列性的商讨，则会得到更多的信息和更有效的结果。这也会有助于进行更有效的管理和研究设计，而不只是依赖于既定的规章制度来实现管理目标。总之，环境研究和管理作为一门综合性的科学需要具备跨区域、跨学科的特点，同时又要体现生态文明的科学特性与人文关怀。

二、中国生态文明建设水平的实证测度

随着环境问题日益受到重视、生态资源稀缺性的凸显，学术界的一些研究试图将生态环境要素引入生产函数中，使经济增长质量概念中包括环境保护、要素节约与平衡投入等新内涵。要素投入和产出变化呈现一定的规律性，各类要素相互关联作用并在既定的市场原则与资源约束下拓展生产可能性集。生产过程中技术创新是重要的推动因素，这里的技术被定义为包括生产技术创新、管理方法创新、制度成本降低等一系列有利于提高全要素生产率的因素。① 创新是经济社会发展的原动力，然而

① 参见傅晓霞、吴利学：《技术差距、创新路径与经济赶超——基于后发国家的内生技术进步模型》，《经济研究》，2013 年第 10 期。

创新过程中同样存在着结构和方向性问题，创新类型影响着要素使用范围及组合方式。希克斯在1933年首先提出技术偏向理论，指出技术创新的目的是节约变得昂贵的生产要素，并提出了技术变化的一种特殊情况——希克斯中性，也是当前广泛应用的道格拉斯生产函数的重要假设。实际上各生产要素投入效率呈现差异性增进，在要素成本最小化决定的投入产出组合下，技术进步不是中性而是有偏的，这种偏向性决定了要素边际生产力，改变要素市场需求曲线并影响各要素价值份额。只要能够测量投入产出中各要素的不同变化速率或证明要素非单位替代弹性，就可以打破以往研究的限制得到各种要素效率增长对产出的贡献率。罗默（Romer）和格鲁斯曼（Grossman）、格里默（Grimaud）等人研究了技术偏向理论的微观基础，并讨论分析了技术偏向产生的环境条件与影响因素。虽然模型的假设和适用环境各有不同，共同目的在于研究技术变化与生产结构的互动反馈，并探讨同区域内资源禀赋、经济基础相适应的技术进步的产生及演化。

学术界最初对技术偏向的研究主要针对劳动和资本两要素，后由于研究的需要又将劳动细分为技能型劳动和非技能型劳动两大类，研究两种劳动在经济发展中报酬和需求量的变化。另有将能源、环境作为独立的要素提取出来进行的研究，例如阿西莫格鲁（Acemoglu）探讨清洁和污染技术分别会在何种情况下占据主导地位，①吕振东等研究了能源和资本之间的替代性。② 我国环境问题日益受到关注，越来越多的研究试图寻找有利于生态资源节约的技术进步路线，通过技术与管理创新实现经济增长过程的生态化，从而缓解当前资源环境约束。区域内的资源禀赋与技术存量对技术偏向起着决定性作用，技术与资源的适配性问题是学者们关注的焦点之一，例如林毅夫，鞠晓伟、赵树宽等提出合适的技术应

---

① 参见 Acemoglu D.,"Aghion P.the Environment and Directed Technical Change", *The National Bureau of Economic Research*, 2009, No.10, pp.116-131。

② 参见吕振东、郭菊娥、席酉民：《中国能源 CES 生产函数的计量估算及选择》，《中国人口·资源与环境》，2009年第4期。

当与技术生态环境相匹配，因此需要依据资源条件和发展水平选择技术创新路径，从而促使厂商更多地利用区域内的优势资源进行生产。达德利(Dudley)和莫尼斯(Moenius)对14个OECD国家出口数据实证发现："要素价格均等化下的技术进步将导致各国日益专业化于密集使用本国丰裕要素。"①

由于技术外部性和市场分割的存在，市场均衡的结果并非总使技术偏向于富裕资源，因此必要的政策干预有助于实现要素合理配置、技术有效导向，需要制定促进生产过程中更多使用区域内富裕要素的产业政策，从而更为充分地发挥本地比较优势、增强经济竞争力。技术偏向不仅受资源赋存、技术创新与引进的模式的影响，而且同区域内部的市场发展、政策激励机制密切相关。技术偏向与经济社会发展是一个相互反馈的过程，技术进步方向与区域内经济格局相适应才会促进其高效与可持续发展。关于生态技术偏向国内外尚无系统研究，目前存在的是阿吉翁(Aghion)将技术偏向性理论纳入气候变化模型中，研究如何通过征收碳税促使生产过程中更多使用清洁技术。② 格里默和鲁热(Rouge)对环境政策和技术偏向的研究发现，逐渐降低的资源税有利于延缓生态资源的枯竭。③ 阿西莫格鲁在有资源环境限制的增长模型中引入内生导向型技术因素，研究要素替代性及技术进步速度对技术偏向的影响，并分析环境政策有效的介入时期。④ 王俊、刘丹研究了在清洁技术和传统技术的交互作用下，环境管理政策、清洁技术研发投入、环境市场培育政策分别起

---

① Dudley L., Moenius J., "The Great Realignment: How Factor-biased Innovation Reshaped Comparative Advantage in the U.S.and Japan, 1970~1992", *Japan and the World Economy*, 2007, Vol.19, No.1, p.112.

② 参见 Aghion P., Martin R., Van Reenen J., "Carbon Taxes, Path Dependency, and Directed Technical Change: Evidence from the Auto Industry", *Journal of Political Economy*, 2016, Vol.124, No.1, pp.1-51。

③ 参见 Grimaud A., Rouge L., "Environment, Directed Technical Change and Economic Policy", *Environment & Resource Economic*, 2008, No.41, pp.439-463。

④ 参见 Acemoglu D., Aghion P., "The Environment and Directed Technical Change", *The National Bureau of Economic Research*, 2009, No.10, pp.116-131。

到的作用。[①] 相对而言，目前对生态技术偏向的研究还处于起步阶段，偏重于理论政策分析和推导而缺乏相应的实证检验。为研究技术偏向所产生的生态效应，本书这一部分将生产要素分为包括劳动和资本在内的劳资要素，包括自然资源和环境质量在内的生态要素，测量了 1995—2013 年技术进步偏向度，并借助技术偏向“factor using”的含义对生态要素投入密集度、要素价值份额进行研究。分析判断我国各个阶段发展中是否有效促进了生态保护与资源节约并提出相应政策方案。[②]

技术创新的产生与应用并非是随机过程，往往取决于生产者利益最大化的目标需求以及政策的价值导向。关于生产者更倾向于何种类型的技术进步，阿西莫格鲁提出了两种决定性作用：(1)价格效应：稀缺要素投入会生产出更高价格和利润的产品，因此厂商偏向于研发增进稀缺要素效率的技术，即产生有利于节约稀缺要素的技术进步。(2)规模效应：数量丰富的要素具有更广阔的市场应用，一种技术同相对丰富的生产要素相协同，会产生更多的市场应用机会，因此生产者倾向于同丰富要素相关的技术创新产生。[③] 现实中往往是两种效应相互作用与竞争，在两要素的动态模型中，替代性是重要的决定参数，对于市场中要素价格机制的运行起到重要作用。从发挥区域比较优势的角度出发，在生产要素存在替代关系的条件下，应当着重提高丰富要素的相对效率，充分发挥丰富要素对稀缺要素的替代效应，研发具有更多市场前景的技术从而提高丰富要素的密集度，这种情况下规模效应占主导。在生产要素存在互补关系的条件下，需要研发能够提高稀缺要素效率、实现稀缺要素节约的技术，从而使技术偏向于丰富要素，此时价格效应占据优势。

---

① 参见王俊、刘丹：《政策激励、知识累积与清洁技术偏向——基于中国汽车行业省际面板数据的分析》，《当代财经》，2015 年第 7 期。

② 参见 Acemoglu D.，“Equilibrium Bias of Technology”，*Econometrica*，2007，Vol.75，No.5，p.1373。

③ 参见 Acemoglu D.，“Directed Technical Change”，*Review of Economic Studies*，2002，Vol.69，No.4，p.783。

（一）研究设计

1. 技术偏向度测量分析

这一部分研究将紧迫度与关注度日益提高的生态资源引入生产函数，将生产要素分为生态 E 和劳资 F 两大类。假设生产函数为 CES 生产函数：

$$Y_t = [\alpha(A_tF_t)^{\frac{e-1}{e}} + (1-\alpha)(B_tE_t)^{\frac{e-1}{e}}]^{\frac{e}{e-1}} \tag{2-1}$$

式(2-1)中 Y_t 代表总产出，F_t 和 E_t 分别是劳资要素和生态要素的投入量，劳资要素包括劳动和资本两类要素；生态要素则指土地、水、能源等自然资源，产生环境负效应的废气、废水、固废排放物等环境资源。a 和 $1-a$ 是反映生产过程中两种要素比例的参数，A_t 和 B_t 分别代表劳资要素和生态要素的效率，在生产向稳态均衡路径运行的过程中，劳资要素效率 A 和生态要素效率 B 都随时间改变。e 是两种要素之间的替代弹性。

$$R = \frac{MP^E}{MP^F} = \frac{P_E}{P_F} = \frac{1-\alpha}{\alpha}\left[\frac{B_t}{A_t}\right]^{\frac{e-1}{e}}\left[\frac{F_t}{E_t}\right]^{\frac{1}{e}} \tag{2-2}$$

环境投入与非环境投入的边际产出比为 R，在竞争市场环境下也等于价格之比：

$$D_t = \frac{\partial R}{\partial(B/A)}\frac{d(B/A)}{dt} = \frac{e-1}{e}\left[\frac{A_t}{B_t}\right]\frac{d(B/A)}{dt} \tag{2-3}$$

技术进步方向指数 D_t 为由相对技术进步引起的要素边际产出比的变化：

技术偏向不仅同要素的相对效率有关，还取决于要素替代弹性 e。如果生态要素和劳资要素之间存在替代关系，即 $e>1$，则技术进步方向和要素相对效率变化方向一致，即生态要素相对效率的提高有利于增加该要素的相对边际产出。相反，如果生态要素和劳资要素之间呈现互补关系，即 $e<1$，则技术进步方向和要素相对效率变化方向相反，即生态要素相对效率的提高会减少该要素的相对边际产出。

联立方程(2-1)和(2-2)可得到环境投入效率 B 与非环境投入效率 A。在估计要素替代弹性 e 和要素相对参数 a 的基础上，将 A 和 B 代入式

(2-3)可计算得出技术偏向度 D。

$$A_t = \frac{Y_t}{F_t}\left(\frac{P_F F_t}{\alpha}\right)^{\frac{e}{e-1}} B_t = \frac{Y_t}{E_t}\left(\frac{P_E E_t}{1-\alpha}\right)^{\frac{e}{e-1}} \tag{2-4}$$

由式(2-2)可得到要素相对密集度为:

$$\varphi = \frac{F_t}{E_t} = \left(\frac{\alpha}{1-\alpha}\right)^{e}\left(\frac{P_f}{P_e}\right)^{-e}\left(\frac{A_t}{B_t}\right)^{(e-1)} \tag{2-5}$$

影响要素相对密集度的效率和价格因素可表示为:

$$\partial\varphi/\partial(A_t/B_t) = \left(\frac{\alpha}{1-\alpha}\right)^{e}\left(\frac{P_f}{P_e}\right)^{-e}(e-1)\left(\frac{A_t}{B_t}\right)^{e-2}\begin{cases} > 0e > 1 \\ < 0e < 1 \end{cases} \tag{2-6}$$

$$\partial\varphi/\partial(P_f/P_e) = \left(\frac{\alpha}{1-\alpha}\right)^{e}(-e)\left(\frac{A_t}{B_t}\right)^{e-1}\left(\frac{P_f}{P_e}\right)^{-e-1} < 0 \tag{2-7}$$

式(2-6)反映了要素相对效率变动对密集度的影响,假如要素之间存在互补关系则相对效率提高,要素相对密集度会降低。如果要素之间存在替代关系,则相对效率的提高会促使密集度上升。式(2-7)反映要素相对价格与相对密集度之间存在负向关系,即要素价格越高则相对密集度越低。要素相对价值份额为:

$$\theta = \frac{P_f F_t}{P_e E_t} = \left(\frac{\alpha}{1-\alpha}\right)^{e}\left(\frac{P_f}{P_e}\right)^{1-e}\left(\frac{A_t}{B_t}\right)^{e-1} \tag{2-8}$$

$$\partial\theta/\partial(A_t/B_t) = \left(\frac{\alpha}{1-\alpha}\right)^{e}\left(\frac{P_f}{P_e}\right)^{1-e}(e-1)\left(\frac{A_t}{B_t}\right)^{e-2}\begin{cases} > 0e > 1 \\ < 0e < 1 \end{cases} \tag{2 - 9}$$

同要素相对数量的结果一致,在要素之间存在互补关系的前提下,相对效率的提高有利于降低要素价值份额;反之如果存在替代关系,则效率增进会提高要素价值份额。总体来说技术偏向的后果是扩大偏向方的相对投入量和价值份额。由于生态要素和劳资要素在性质和功能上具有一定的差异性,作者初步推测二者之间存在互补关系,如果成立,在这种情况下生态要素效率的相对增进会产生上文所述的价格效应,由此带来的技术进步劳资偏向有利于更多利用劳资要素创造价值,从而实现生态要素节约的目标。

然而从整体循环的视角分析需要关注一类特殊情况：即劳资要素效率负向变动。例如在最近一些年份由于投资规模偏高、投资存在片面性而导致资本回报率下降，从而影响劳资要素整体效率提高，甚至出现负增长的情况，则生态要素效率增速快于劳资要素而产生的技术进步的劳资偏向是相对的。虽然劳资要素的价值份额存在扩张的趋势，但生产这些资本和劳动同样需要耗费生态资源，在整体生产效率没有显著提高的条件下，技术劳资偏向同样不具备良好的资源环境效应。因此作者进一步将技术劳资偏向分为绝对偏向（Δ 生态效率>Δ 劳资效率>0）和相对偏向（Δ 生态效率>0>Δ 劳资效率），为实现更好的生态和经济效益，应当促进实现技术进步的绝对劳资偏向，形成以生态效率提高为先，生态要素和劳资要素效率共同增进的格局。

2. 相关参数估计

设要素投入效率呈指数型变化：

$$A_t = A_0 \exp mt \qquad B_t = B_0 \exp \tag{2-10}$$

代入 CES 生产函数并两边取对数：

$$\ln Y_t = \ln\{[{}^{\alpha}({}^{A}_{0}\exp^{mt}F_t)\frac{e-1}{e} + (1-\alpha)(B_0\exp^{nt}E_t)\frac{e-1}{e}]\frac{e}{e-1}\} \tag{2-11}$$

将其标准化并在 $e=1$ 处泰勒展开化简为（2-12）①，把等式右边前两项的对数部分和后两项时间序列 t 及 t^2 项分别作为解释变量：

$$\ln(\frac{Y_t/Y_0}{E_t/E_0}) = \beta_1 \ln(\frac{F_t/F_0}{E_t/E_0}) + \beta_2 [\ln(\frac{F_t/F_0}{E_t/E_0})]^2 + \beta_3 t + \beta_4 t^2 \tag{2-12}$$

① 参见陆雪琴、章上峰：《技术进步偏向的定义及测度》，《数量经济技术经济研究》，2013 年第 8 期。

其中，

$$\begin{cases}\beta_1 = a \\ \beta_2 = \dfrac{a(1-a)(e-1)}{2e} \\ \beta_3 = am + (1-a)n \\ \beta_4 = \dfrac{a(1-a)(e-1)}{2e}(m-n)^2\end{cases} \tag{2-13}$$

由 $\beta_1, \beta_2, \beta_3, \beta_4$ 的估计值可得参数 α, e, m, n 的数值。

3. 数据变量说明

这一部分生态要素包括能源、土地、工业三废（废水、废气、固体废弃物）的治理投入，劳资要素即传统的劳动与资本投入。为了使生态和劳资要素能够通过价格与数量机制联系在一起，选取市场化程度高并且易于取得数据的要素项为等价物，例如生态要素以能源为价格代表，劳资要素以劳动为价格代表，并分别将两类要素的价值总额除以代表性要素价格得到相应的要素数量。为使结果具有可比性，所有指标数据都以 1995 年为基期进行价值计量，数据年限为 1995—2013 年。生态要素中能源项计量了有显著环境影响的煤炭、石油、天然气的数量与价值总额，数据来源于历年《中国能源统计年鉴》。近些年土地消耗主要表现为占用耕地或林地为建设用地，因此生态要素中的土地项表示为历年新增建设用地，土地投入数据来源于历年《中国国土资源统计年鉴》中的新增审批用地项，采用类似国家耕地补偿计量办法，用 10 年土地粮食产量乘以粮食价格得到单位面积土地生态价值。由于计量的是生产函数中要素投入和产出，将废弃物排放作为生产投入计入生态要素范围，废弃物则体现在生产领域用工业三废：废水、废气、固体废弃物。废弃物产生量数据来源于历年《中国环境统计年鉴》和《中国环境年鉴》。依据杨丹辉、李红莉基于损害和成本法环境污染损失核算方法和结果，结合文中的三废治理费用标准，推算出由大气污染、水污染和固体废弃物土壤污染形成的环境损失同三废治理费用之间的比例关系。① 在环境网站和年鉴中获取我国历年三废治理成本数据的基础上，得到各类污染实际造成的生态环境损失。劳资要素中的资本用历年固定资本总额表示，使用永续盘存法计量资本总额，即 $K_1 = K_0 + i - d$ ，K_1为当年固定资本存量，K_0为年初资本存量，i 为年内新增固定资本，d 为资本折旧值。1995 年基期资本存量数据来源于《国民资产核算表 1990—1995》，用 1995 年资本总收益除以资本收益率得到，历年新增固定资产来源于《中国统计年鉴》；资产折旧率仿照陈彦斌的做法按 5%计量，由于资本所得需要涵盖折旧和银行贷款利息，此处的资本价格表示为 3 年期贷款利率加折旧。劳动数量和价格来源于历年《中国劳动与就业统计年鉴》。②

（二）实证结果及分析

表 2-1 列出了 CES 生产函数中各参数估计的混合和固定效应结果，根据 hausman 检验可知需用固定效应模型，结果显示组内拟合优度 R^2 = 0.91，表示模型具备较高的解释度。从回归系数分析，劳资要素的份额 a 为 0.73，说明传统生产要素仍是要素投入的主体部分。由要素替代弹性为 0.71 可知两种要素之间存在互补关系，由此证明了生态要素过度损耗后不能以人力资本作为替代，相反亦然。根据上文分析在劳资要素和生态要素存在互补关系的前提下，如要实现最优化的生态效应，需要在两种要素效率共同增进的前提下着重提高生态要素效率。表 2-1 中劳资要素和生态要素的技术参数为正表明在生产过程中两类要素整体上都存在效率增进的趋势，并且生态要素要快于劳资要素（n>m），尽管由于生产规模不断扩张带来的资源环境约束日益明显，生产技术基本还是朝着有利于节约资源与保护环境的方向演进。

---

① 参见杨丹辉、李红莉：《基于损害和成本的环境污染损失核算——以山东省为例》，《中国工业经济》，2010 年第 7 期。

② 参见陈彦斌、陈伟泽等：《中国通货膨胀对财产不平等的影响》，《经济研究》，2013 年第 8 期。

表 2-1 生产函数参数估计结果

参数	MODEL1 混合效应	MODEL2 固定效应
e	0. 66	0. 71
a	0. 80	0. 73
m	0. 09	0. 08
n	0. 28	0. 22
R^2	0. 90	0. 95
F	1225	1446
obs	571	571

在已知要素份额和替代弹性的情况下，将参数值代入式(2-3)可得到逐年技术偏向度，技术偏向度结果如表 2-2 所示，前两列分别是劳资和生态要素效率，第 3 列为技术偏向度，第 4 列是结合劳资要素效率增进与否，判断技术进步是绝对还是相对劳资偏向。

表 2-2 历年技术偏向度

年份	A	B	D	偏向类型
1995	2. 03	0. 62	—	—
1996	1. 75	1. 01	-0. 26	绝对劳资偏向
1997	1. 67	2. 12	-0. 21	相对劳资偏向
1998	2. 09	1. 68	0. 27	生态偏向
1999	3. 01	1. 91	0. 14	生态偏向
2000	3. 10	2. 03	-0. 02	绝对劳资偏向
2001	2. 92	1. 93	-0. 01	相对劳资偏向
2002	3. 91	2. 19	0. 10	生态偏向
2003	3. 25	3. 96	-0. 21	相对劳资偏向
2004	3. 13	4. 61	-0. 06	相对劳资偏向
2005	2. 95	6. 75	-0. 11	相对劳资偏向
2006	2. 75	9. 70	-0. 09	相对劳资偏向
2007	2. 58	17. 13	-0. 09	相对劳资偏向

续表

年份	A	B	D	偏向类型
2008	2.52	18.11	-0.01	相对劳资偏向
2009	2.98	28.11	-0.04	绝对劳资偏向
2010	2.85	34.11	-0.03	绝对劳资偏向
2011	2.77	47.87	-0.04	相对劳资偏向
2012	2.96	50.05	0.01	生态偏向
2013	2.91	53.51	-0.01	相对劳资偏向

大部分观察期内生态要素的效率增长要快于劳资要素，在两种要素存在互补性的前提下技术进步偏向劳资要素，即经济发展过程中存在着劳资要素投入倾向。生态要素效率初期增进速度不明显，原因在于在此段时期内制造业增长速度较快、环保技术还相对落后；国际产业转移加剧了国内环境压力，并且受1998年亚洲金融危机的影响，国内接连实行经济刺激计划，推动环境影响大的制造业和基础设施建设快速扩张。从2003年之后生态要素效率呈现快速上升的趋势，原因在于以技术创新为主要动力的产业结构调整加速，同时政府对生态环境的重视程度不断加强，在环境资金投入、环境技术创新与引进方面的力度不断增强，因此能源消费、污染产生速度相应放缓。劳资要素效率在1995—2004年表现为逐年增加，然而2005年以后出现了增长缓慢甚至下降的趋势，和以往学者的研究结果相一致，其中的主要原因在于资本效率增进停滞。① 首先，这一阶段中由于投资规模增长过快，资本出现一定程度的不合理配置，国有企业资本流入过多而私营企业资本供给不足，资本边际收益加速递减；在资金管制与低市场化的背景下，金融、房地产行业的资本占比过高而实体经济资本匮乏，中小企业融资困难进而使得资本增值受限。其次，由于产业结构相对失衡，在工业生产中钢铁、水泥、煤炭等行业存在严重产能过剩，大量积压的库存降低了资本周转率，阻碍了资本效率的提高。虽然

① 参见戴天仕、徐现祥：《中国的技术进步方向》，《世界经济》，2010年第11期。

劳动者知识结构及技能水平呈现不断提升的趋势，然而资本在劳资要素中占据较高比重且存在效率递减，因此整体上2005—2013年劳资要素效率未明显增进，且在2006年、2007年、2008年、2011年出现下降。

技术进步在大部分年份内偏向劳资要素，其中只有从1998—2002年技术进步存在生态性偏向，即生态效率的增长慢于劳资效率，生态资源存在扩张投入的趋势。2003年以后虽然城镇化和工业化推进过程中仍需耗费大量生态资源，然而在严格的环境管理与显著环境技术创新的背景下，环境污染得到一定程度上的控制，技术进步呈现连续的劳资偏向。技术偏向具有一定的路径依赖，一旦某种偏向形成将具有相当程度的惯性，在生态资源节约型技术模式下，生态技术会产生持续的扩散与溢出效应，并由此形成连续的技术进步劳资偏向性。因此促进稀缺资源节约的技术和管理模式应用，使生产过程中产生连续的充裕要素技术偏向，对于发挥区域优势、增强经济竞争力尤为重要。上文理论分析将技术进步劳资偏向分为绝对和相对偏向，从系统的角度出发，绝对偏向是更为有效的技术偏向方式。如表2-2最后一列所示，整体上相对劳资偏向影响的时间更长、程度更深，相对劳资偏向体现为生态资源的节约和劳资资源的扩张使用，相应的资源环境效益提升也是有限的。因为生产是循环往复的过程，资本和劳动要素的生产和再投入是以一定量的生态要素消耗为基础的，劳资要素效率增进滞后实际上间接造成全要素资源的浪费。因此需要在继续提高生态要素效率的基础上，重点提高劳资要素中资本的运营效率，变相对偏向为绝对偏向，形成两种要素效率共同增进且更有利稀缺生态资源节约的技术创新模式。

要素价值份额统计如图2-1所示，劳资要素份额在观察期内总体上升，而生态要素的份额总体下降，由此也验证了前文理论分析：在要素存在互补关系的前提下，效率提高更快的要素价值份额会出现递减趋势。整体上劳动工资和能源价格都呈现上涨趋势，然而相对于能源价格来说，劳动工资增速在前半时期更快一些，因此1996—2000年劳资要素份额基本稳定甚至小幅增加。但是整体上劳资要素的价值份额呈现连续上升的

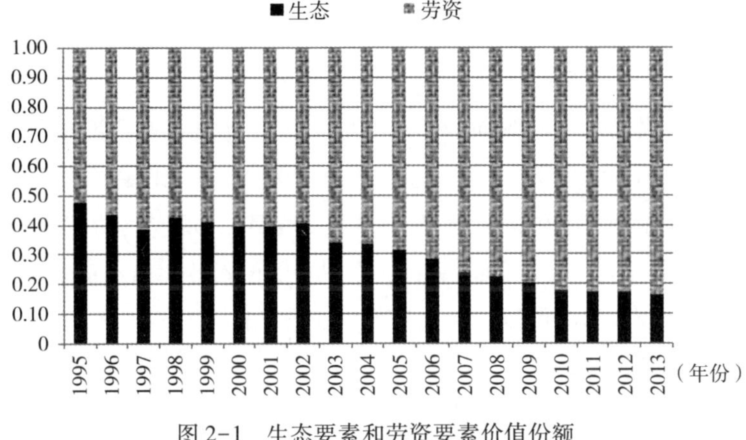

图 2-1　生态要素和劳资要素价值份额

趋势:从 1995 年的 53%到 2013 年的 84%,与此相反,生态要素的相对价值份额不断下降,尤其在 2001 年之后表现更为明显。21 世纪初我国加入世贸组织增加了对环保的外部硬约束,促进了环境管理与创新效率的提高,与此同时两型社会建设、科学发展观的提出与落实,从制度层面上突出了生态建设的重要性,从而带动了生态要素效率的提高并降低了该要素的投入量。与此同时需要注意的是这种下降幅度从 2009 年开始趋缓,原因在于世界金融危机的背景下,我国采取了相应的经济刺激政策在阻止经济下滑的同时带动了投资增长,尤其是基础产业及设施的扩张在一定程度上增加了生态要素消耗。在生产函数既定的前提下,劳资要素价值份额的增加有利于社会财富创造来源向人而非物的方向倾斜,对于资源环境保护具有积极意义;但与此同时也需要注重劳资要素自身的效率增进,只有在全部生产要素都高效利用的前提下,才能实现资源节约与生产发展双重目标。

（三）主要研究结论及政策性建议

在对技术偏向的概念分析及文献回顾的基础上,作者将生产要素划分为生态和劳资两种以研究技术偏向的生态效应,借助价格效应和规模效应分析了在不同替代弹性的情况下技术变化的倾向性,及其对要素价值份额的作用机制。实证研究发现,我国生态要素和劳资要素之间存在互补关系。1995—2002年出现了较为密集的技术进步生态偏向,即存在资源环境扩张性投入的倾向,2003—2013年在环境管制不断增强、生态技术广泛应用的背景下,出现了连续的技术劳资偏向,即更高程度上使用非生态要素进行价值创造。但是2003—2008年出现连续的相对劳资偏向,由于劳资要素中资本的效率的下降使劳资要素效率出现负增长,技术进步虽呈现劳资偏向仍没有达到最优的生态效应。

为使技术进步能够在推动经济增长的同时实现更好的生态效应,需根据不同时期采取针对性策略。首先,前半统计期内生态耗损过快同相对粗放的城镇化与工业化推动模式有关,城镇化过程应强调人的城镇化和土地城镇化相协调,将重点放在公共服务供给和精细管理上;并且产业科技化和服务化能在一定程度上降低生态要素投入的密集度,需要结合各地的资源情况和发展进度,强调高新技术特别是生态技术的推广应用,通过结构优化和技术创新降低对资源环境的依赖度。其次,针对2003年以后的技术相对劳资偏向,需要重点提高资本的利用效率,在资本投入前期需做好成本与收益分析预测,切实监督资本的流向和使用方式,加快去库存和消化过剩产能的步伐,借助技术和产业升级提高资本周转速度和效率;加快资本市场化进程,降低中小企业资本获取的难度、拓宽资本融通渠道,逐步引入民资参与以提高资金运作效率。最后,从提高生态要素效率的角度讲,需重视加强资源环境管理,通过税费改革、排放权交易等实现资源消耗的减量化与污染物控制,特别是更加集约化利用能源和土地资源。总之,通过一系列的制度创新促进生态绩效的整体提高,使技术进步更多地偏向于劳资要素,更多地利用较为充裕的非生态资源进行价值创造,依靠供给侧改革与技术创新提高经济增长的可持续性。

第三章　生态文明前沿问题研究一:生态产业园区建设国际经验研究

生态产业的概念首先由弗罗施(Frosch)和加罗布劳斯(Gallopoulos)正式提出,他们基于物质流和生命周期理论,将生态产业解释为综合化的产业系统,通过废弃物相互利用,减少系统总体资源消耗和废弃物排放。① 其后,邓恩(Dunn)和史丹利蒙(Steinemann)指出:"生态产业依据自然系统物质循环、能量传递的原理构建而成,是保护资源环境、提高竞争优势的有效途径。"②其效应包括:经济领域消减成本、社会领域增进就业、环境领域节能减排。生态产业的运作模式因范围而异,大致可分为3个层面:企业层面、园区层面、区域和全球层面。企业层面包括环保技术的应用、污染物控制、生态效率提升和绿色核算;在以企业集群为实体的园区层面,包括产业共生、物质交换和产业互动行为;在区域和全球层面,包括生态预算、物质和能源循环、去物质化和低碳化管理。产业园区层面介于企业和区域层面之间,由于生态产业园既可以发挥生态产业网络化的优势,又具有范围相对集中便于观测和管理的特点。因此,这一部分重点研究园区层面的产业生态化构建,从生态产业园区的种类、成因、推动因素及阻碍因素等方面分析生态产业园区的形成与演化机制。

---

① 参见 Frosch R. A., Gallopoulos N. E., "Strategies for Manufacturing", *Scientific American*, 1989, Vol.4, pp.144–153。

② Dunn B.C., Steinemann A., "Industrial Ecology for Sustainable Communities", *Environmental Planning and Management*, 1998, Vol.41, No.6, p.661.

一、生态产业园概念、特征与发展概述

（一）生态产业园概念与特征

生态产业园在特定地点推进产业生态化，通过综合管理能源、废弃物及水等环境和资源，重建园区内基础设施，强化制造业和服务业绩效，使得产业间产生协同合作效应。科特（Cote）等从功能上将生态产业园定义为："以保护自然和经济资源、减少物质和能量消耗为目的，通过生态产业行为提高运作效率，维护职工健康和公众形象的产业体系。"①生态产业园是各利益相关者相互协调形成的综合管理体系，资源在系统内被循环使用以提高经济和环境效益。生态产业园是历史演变的结果，园区的职能从最小化某个生产过程的废弃物转变为最小化系统整体废弃物，强调从源头减少物质投入，通过产业的协同合作实现环境外部影响内部化。生态产业园区具有仿生学特性。艾尔丝（Ayres）将生态产业与自然生态进行类比，以物质、营养、能量循环作为生产设施和企业之间关联的基础，提出生态产业园建设应该整合大学、咨询机构、项目开发者、地方政府的力量，并实现各部门间的利益分享。② 生态产业园建设的目的在于：与地方积极互动从而有效分享资源，参与共生网络的成员将获取物质化的经济利益和非物质化的外部效应，非物质化的效应主要是指提高企业知名度和当地环境质量。作为传统生产方式进化的下一阶段，相对于一般产业园，生态产业园内部企业之间的联系更为密切，信息流动、物质交换更为频繁。生态产业园要遵循的原则是：节约能源、产业废弃物循环使用、具备灵活适应性的系统。生态产业园应具备两个明确标准：(1)社会表现。内部成员相互联系并联合地方商业社会，以此实现资源共享，在取得经济和环境效益的

① Cote R., Kelly T., Macdonnell J., "The Industrial Park as an Ecosystem: Sectoral Case Studies", Halifax(Nova Scotia, Canada): Dalhousie University, 1996. p.16.

② 参见 Ayres R., Ayres L., "A Handbook of Industrial Ecology", Cheltenham: Edward Elgar Ltd., 2002, p.53。

同时，促进产业园和地方社会间人力资源的合理分配。(2)技术表现。运用生态环保技术和管理手段优化企业生产经营行为，以达到最小化物质和能量投入、减少废弃物排放的目的，从而建立可持续的经济、生态和社会关系。因此，生态产业园区不是仅具备环保概念的工业园区，或是环境技术支撑之下互不联系的绿色商业集群，标准的生态产业园区应该包括生态产业的关键因素，即能源和物质循环、网络和集群建设、经济环境的可持续发展。

（二）现存生态产业园发展概述

生态产业园区最早形成于欧洲国家，后来逐渐扩展到美国、澳大利亚、亚洲国家，涉及全球各个地区。丹麦沿海城市卡伦堡可以看作是生态产业的原型，当地虽然产业分布较为松散(遍及整个城镇)，但被公认为是早期生态产业园的典范。在卡伦堡建成了以发电厂、炼油厂、渔场、制药厂为中心企业的废弃物和能源交换网，每年都能获取可观的经济效益。奥地利哈特伯格(Hart-Berg)产业园区最初的目的是改造产业体系，提出构建“可持续和可替代的经济体系”，以“商业、研发、休闲娱乐”三极作为产业园的基础元素，产业协同有效地增加了工作岗位、实现了环保目的。德国施克堡(Schkopau)价值园尽管不叫作生态产业园，但是其目标和发展方向与生态园一致，价值园的主要目标是建立原材料价值综合利用网络，下游的投资和服务提供者也从成本共摊、共享服务、资源规模效应中得到好处。美国大型生态工程由可持续发展总统协会和联邦政府的环境保护机构发起，分别在巴尔的摩、好望角、查尔斯、查塔努加等地建立了生态产业园区，并力图通过政策干预实现类似卡伦堡的企业间自发合作。意大利巴斯化工产业园在经济危机背景下产生，为改变失业、产品过剩、竞争能力下降等不利局面，促进产业间协同以提高生产效率，园区管理者提出了向生态产业园转型的方案。① 山东鲁北化工循环产业园是国家级

① 参见 Taddeo R., Simboli A., “Anna Morganite Implementing Eco-industrial Parks in Existing Clusters, Findings From a His Tori Cal Italian Chemical Site”, *Cleaner Production*, 2012, No.33, pp.22-29。

的产业园,园内企业通过直接和间接交换废弃物及副产品实现资源循环利用。依据生态关系,园内企业可以分为生产者、主要消费者、次级消费者,通过系统性地分析产业园生态结构,可以判断每个层级的作用,整个生态结构呈现金字塔形状。① 这些生态产业园有的是在企业之间互惠共生的作用下逐步产生的,有的是在原有产业园基础之上翻新改造而成的,虽然主导产业种类不同,但大多实现了较好的经济和社会效益。在引进新的生产概念、方法和技术方面,政策规划的推进作用更为显著。如澳大利亚的协同产业园以食品产业布局为中心构建起来,为共享基础设施,政府进行了统一规划布局,着重强调"产业催化剂、产业之间信任、关键产业协作"的重要性,②对国内其他产业园区具有示范作用。中国贵糖产业园以种植、生产加工为中心产业,通过废弃物循环使用提高了经济效益、减轻了产业废弃物对环境的污染。在国家清洁生产中心和产业技术机构的领导下,韩国发起了大规模的生态产业园规划,从 35 个国家园区中选出 6 个作为生态产业园并分阶段加以建设,注重对产业区重新进行生态设计,特别是从建筑内外部环境设计、绿色空间、网络创建方面增进住户的文化认同和园区可持续性。为了得到资金和技术援助,发展中国家一些园区邀请国际组织参与进来,如菲律宾的园区由联合国开发计划署(UNDP)参与建设,中国与联合国环境规划署(UNEP)开展园区项目合作,德国技术合作组织参与泰国和中国的项目建设,亚洲开发银行参与斯里兰卡的生态项目等。

---

① 参见 Zhang Y., Zheng H., Fath B.D., "Ecological Network Analysis of an Industrial Symbiosis System: A Case Study of the Shandong Lubei Eco-industrial Park", *Ecological Modelling*, 2015, No.306, pp.174-184。

② Roberts B., "The Application of Industrial Ecology Principles and Planning Guidelines for the Development of Eco-industrial Parks: an Australian Case Study", *Cleaner Production*, 2004, No.12, p.1008.

二、产业园区创建

（一）以市场为主体的观点分析

存在生态产业园的形成过程源于市场自发还是政策推动的争议。由于地理、历史、社会制度不同，各个地区推动产业园的主导力量存在程度和阶段性差异，即政府、中介组织、企业自身对产业园的作用有先后和方式上的差别。总体来讲，学者认为产业园形成过程中应当不断增强企业联系的内生性，以市场为主体推进园区的发展。政策应当作为必要的支撑和辅助因素而存在，这样更符合产业、市场发展规律，能够保持园区在经济方面的可持续性。企业之间的合作不能只是通过政策干预或法律强制实行，最根本的是要激发企业参与园区物质、能源交换的积极性。在市场主导形成的基础上，企业之间建立起信任和合作关系，以实现企业的经济可行性。为生态产业园的不断进化与发展创造内在条件，使私人和公共部门能够在自组织模式下参与运行，这样的“学习型组织”能够发现什么是有用的信息并从中获得经验。而且自治性管理和企业成员间的信息交流会促进组织创新，提高合作精神。德斯·罗切尔斯（Desrochers）认为：“自上而下的主体规划过于强调污染产生和回收利用维度，而没有看到另外一些重要的投入，如人力资本需求、生活资本质量、商业环境等，致使园区的持续性产生问题。”①同时，小企业的联合是应对竞争压力的必然结果，而小企业联合更多是企业之间自发作用的结果。政策的制定和实施并不一定能够促进生产者更好地把握生态产业机会，其内在联系比我们所认识的更复杂。经济效益是企业得以生存和发展的基础。② 因

① Desrochers P.,“Industrial Symbiosis: the Case for Market Coordination”, *Cleaner Production*, 2004, No.12, p.1107.

② 参见 Boons F., Bass L.,“Types of Industrial Ecology: the Problem of Coordination”, *Cleaner Production*, 1997, No.5, pp.11–23。

此，交换和网络的开发最好留给市场去运作，以保证园区能够获取持续的经济利益。自发生态网络的出现取决于区域内适当的社会、经济、技术和政策条件，现存的产业集群在经济利益和环境政策的驱动下，也有可能向产业协同方向发展。丹麦卡伦堡、奥地利施第利尔、荷兰 INES 产业园都是自发生成的，园中企业有强烈的意愿靠近供应者或是消费者，中心企业自发形成包括其他小企业在内的物质交换网，从而实现系统性的经济和环境效益。这些园区并没有事先精细规划，在市场的作用下实施相应的生态策略，以产业数据和信息网络为辅助工具，企业借此发现在园区内交换并获利的机会。自发形成的产业园区被实践证实具备一定的优势，研究表明荷兰的生态产业园项目比美国更加成功，原因在于美国的项目源于地方和区域政府，由于存在强烈的政府干预，美国企业反而不积极加入项目。荷兰项目多由企业发起，地方政府提供相应的资金和政策支持，企业有更高的支配生产的自主性。① 美国的开普查尔斯（Cape Charles）特意设计的生态产业园区并未有助于增强经济竞争力，如今这个地方要卖掉而没有人愿意接手，园区企业受到同生态产业相关的种种合同限制，因而缺乏长期利益。② 外部政策补贴也有可能限制企业内生增长，比利时 Laneiro 园区的例子证明，如果政府取消政策支持，生态产业园区项目的持续性将面临很大挑战，园区由于缺乏内生性而难以演化升级。

（二）生态产业政策的支撑和辅助作用

尽管在园区的形成与发展中不应当施加过强的政策控制，然而园区在以市场为主体的前提下实施政策干预也是必不可少的，政府支持能够对产业共生起到重要的推动作用。市场可以提高物质流水平，但也是有前提条件，如果关联成本超出了盈利，或者生态产业行为在现存的经济与

① 参见 Heeres R.，"Vermeulen W.J.Eco-industrial Park Initiatives in the USA and the Netherlands：First Lessons"，*Cleaner Production*，2004，No.12，pp.985-995。

② 参见 Gibbs D.，Deutz P.，"Implementing Industrial Ecology? Planning for Eco-industrial Parks in the USA"，*Geo-forum*，2005，No.36，pp.452-464。

制度框架下没有价值或是不被允许,则园区的发展就会遇到阻碍,如果缺少经济收益则会放弃生态规划方案。因此,一些产业园在前期提供大量外部公共补贴以吸引企业加入,特别是某些企业的生态创新成本很高,政府需要在某些情况下与私人部门一起承担新技术的风险。也存在众多学者呼吁,从区域和国家层面进行更加集中的规划,以克服市场失灵,他们主张建立完整的制度框架去管理和约束生态产业园,如减免物质交换的税收,征收交通和能源税,通过法律和环境许可限制气体排放等。政策规划对生态产业的推动作用表现为 3 个方面:(1)提示隐藏的合作机会;(2)辅助刚成形的合作;(3)通过先进的实例鼓励新合作的形成。实践证明,补贴政策或严格的法律法规是有效推动 EIP 的工具。如中国天津生态产业园,在地方对昂贵的基础设施进行补贴的基础上建立起早期园区内的共生关系,其目前已发展成为复杂的生态产业系统并实现了成本节约。韩国、泰国、菲律宾也都实施了国家生态产业园政策,以应对由于末端污染控制而产生的环境压力。例如,韩国蔚山产业园存在 3 个政策层面:在国家层面,可持续的产业政策有助于环境技术升级、创造共生网络;在区域层面,蔚山区域发展规划尤其强调生态政策;在地方层面,地方政府管理开发生态化的房屋、市政服务和基础设施建设。① 相对来说,当前欧洲产业共生政策实施较少并且方法更为灵活,德国由政府牵头建立完善的中介组织,以实现产业共生网的孵化功能,芬兰通过使用环境许可、生态标签和生态设计方案等可持续生产及消费政策工具,有力地减少了废弃物排放,增强了企业的生态竞争力。宏观政策的实施与市场作用的发挥之间并不存在必然矛盾,关键在于二者作用的层次与环节,例如市场应当发挥内生性主导功能,促进产业合作与技术创新。政策重点在于优化环境、提供初期扶持等。另外,应采取科学的方式实践生态创新政策。莱托兰塔(Lehtoranta)等认为:“间接鼓励比起直接约束对于园区来说更

① 参见 Park H., Won J.,“Ulsan Eco-industrial Park: Challenges and Opportunities”, *Industrial Ecology*, 2007, Vol.11, No.3, pp.23-34。

有效。间接鼓励如土地使用规划、废弃物管理政策等,有利于形成特定地区的产业聚集,增进企业之间的联系和物质流动。”①国内的生态产业园区大多数存在于经济技术开发区和高技术产业园区内,是中观层次生态产业的实践应用,国家对这些生态产业园区的创建也实施了各项财政、金融、税收优惠政策。但是在政策实施过程中,划清政府职能边界是推动区域生态产业的关键所在,公共政策应当致力于促进生态产业激励机制的形成,识别和鼓励正的环境外部性,而不是亲自建立生态产业交换体系。总之,政策实施是一个动态的实行、反馈、调整过程,应当注意的是,政策需要以更加细致的方式实施,避免政府对生态产业园区进行过强的干预而导致企业离开。

三、生态产业园区推动因素与阻碍因素

(一)推动因素

推动生态产业园区发展的要素有多种,既有与参与主体相关的内部动力,又有客观外部环境因素。地域和制度背景差异也会对要素结构产生影响,如欧美国家和亚洲国家在产业共生的实现方式、政策实施的途径、可持续发展动力方面存在相当大的差异。但是,由于生态产业园的基本目标相同,市场运行方式相似,生态产业园存在一些共同的关键要素。

1. 地理集中和技术需求

实现产业共生的基本条件是地理位置相对集中。具有协同和共生性质的企业聚集在一起有利于废弃物的集中管理和能源节约利用,促进资源共享和再生,从而强化企业竞争力,增加企业价值。另外,地理位置接近有利于共享交通设施、降低生产成本,鼓励联合生产、增进物质交换过

① Lehtoranta S., Nissinen A., “Industrial Symbiosis and the Policy Instruments of Sustainable Consumption and Production”, *Journal of Cleaner Production*, 2011, No.19, p.1873.

程中的合作和信任。新经济学和发展地理学都在研究空间接近的作用,采用地理方法、理论和模型进行预测,通过对企业废弃物资源的定位来识别生态产业机会。然而,企业集中存在一定困难,企业迁址希望得到足够的补偿,但是在多数情况下,废弃物收益和低成本的二手材料并不具备使大多数企业迁址的动力,对企业来说,最重要的是产出、市场、公共补贴和意识动机。① 所以,企业集聚需要在市场调控和政策指导的双重作用下进行,实行有利于发现交换机会的组织管理模式,通过全方位降低生产成本和扩大企业市场范围来促进产业集群的形成。需要注意的是,当前的生态产业园大多建在城镇内部或工业区中,然而随着科技进步、信息和物质流通速度加快,出现了更广阔地域范围内的虚拟生态产业园,可以在区域甚至全球范围内实现物质和能量交换。同时,虚拟生态产业园的建立需要将交易成本、运输成本控制在一定水平之下。

环保和物质交换技术是生态产业园区得以存在的科技支撑,企业的环境创新技术和管理行为是产业园区发展的微观基础,缺乏正确的资源利用技术知识,企业将难以应对环境政策的压力并采取有效降低废弃物的方案。因此,企业在将经济和环境政策压力转化为实际行动过程中,技术知识起到了重要作用。高效运作的生态产业园区有利于企业技术改进及增进产业协同,有利于产业生产力的提高。同时,地方需要具备掌握生态技术知识、识别产业共生潜在机会的能力,使技术方法如污染控制、清洁生产能够得到及时应用并实现生态产业效益。技术传播是技术得以规模化应用的基础,循环网络之间的知识转移能够降低成本和风险水平,而且借助于相关创新中介机构,循环知识转移成为连接经济和环境可持续发展的桥梁。关于影响企业采纳环境创新技术的因素,凯西杜(Kesidou)基于 1566 家企业数据采用 Heckman 模型研究发现,需求因素如企业社会责任和消费者需求是重要的生态创新发起因素,同时,企业组织能力、

① 参见 Schiller F., Penn A.S., Bassonc L.,"Analyzing Networks in Industrial Ecological-a Review of Social-material Network Analysis", *Journal of Cleaner Production*, 2014, No. 76, pp.1-11。

环境法规对于生态创新的激励效果也有关键影响作用。① 当前最重要的技术障碍是缺乏明确的国际标准，即没有在产业系统中建立标杆企业。因此，应开发一个绩效系统，促使生态产业概念得到广泛接受，并将其与其他国际认证标准如ISO环境管理系统相衔接。随着城市化进程的不断加快，莫纳哥（Monaco）等提出：为避免出现产业园区“生态孤岛化”，需要统筹安排好产业园区与外部区域之间的生态建设协调性，可以使用计算机数据模拟的办法发现问题并提出规划方案。②

2. 持续的经济利益

持续有效的生态产业系统需要以经济利益为支撑，尽管生态产业园区的建立主要基于环境和社会影响，但内在驱动力还是经济利益。生态产业要能够实现保证生态产业系统长期运行的经济价值，否则当前的建设成果是没有意义的。并且，生态产业园建设是一个渐进的过程，每个步骤都需要具有经济可行性。基于企业集群的生态产业园区会产生不同层面上的利益。例如，在宏观管理层面上会因为环境治理成本的降低而实现利益。在中观层面，企业集群也会因为共享信息、网络、供应、经销、市场、资源和支撑体系，通过水、气体、能源和物质循环来节省运行成本而获益。在微观层面，企业会因为技术创新、政策优惠获取实际经济利益。国际市场竞争是建设生态产业园区的主要驱动力，竞争压力会使企业想办法减少废弃物，取得更便宜的物质和能源并从副产品中获利，而且废弃物管理成本、违反环境法规成本的降低也可以有效增进经济利益。荷兰的生态产业园区发展着重于建设具有共享性质的污染控制项目，目的在于降低成本并获得持续的经济和环境效益，进而激发企业投资于更高经济风险和利益的项目。丹麦卡伦堡生态产业园区通过产业间物质交换和能

① 参见 Kesidou E.，Demire P.，“On the Drivers of Eco-innovations：Empirical Evidence from the UK”，*Research Policy*，2012，No.41，pp.862-870。

② 参见 Monaco R.，Negrini G.，Salizzoni E.，et al.，“Inside-outside Park Planning：A Mathematical Approach to Assess and Support the Design of Ecological Connectivity Between Protected Areas and the Surrounding Landscape”，*Ecological Engineering*，2020，No.149，pp.74-78。

量循环利用实现产业生态化，项目投资回报期平均不到5年。

企业因为经济效益参与园区交换，也可能由于交换不能获利而中断合作。例如在美国查尔斯角产业园，一些企业放弃生态产业园区是因为项目不经济，项目要求生产企业与副产品企业在地理上邻近以将其作为原材料，然而实际上企业可以通过其他途径取得更低价的原材料。值得注意的是，产业园区的长期经济利益应该来源于市场作用而不是政策补贴。埃及实施环境项目的经验是：依靠外部资金支持而从污染防治中获利的盈利模式是不可持续的。对企业管理者来说，需要依靠提高资源效率、减少污染、建立清洁生产机制等获取潜在经济利益，保证企业在不依赖外部资金的前提下能够自发实践生态产业行为，并且如果早期的项目取得了较好的经济和环境回报，则后期进入的企业能够承受较高的风险。黄训江通过对国内生态产业园区建设激励机制研究发现："价值类补贴干预只具有参与激励作用而缺乏投资激励作用，园区应更注重投资类补贴措施的应用，即通过提高园区内企业的投资和盈利水平实现可持续发展。"①

3. 促进物质和能源交换的产业协同

产业园区成功发展的关键在于鼓励企业及利益相关者形成联合，实际上企业之间建立联系是相当困难的，网络联系规划只是提供了多种联系的可能，但是在实践中究竟应采用什么样的选择往往是不确定的。实际上，影响产业共生的关键因素是建立稳定的投入产出机制，内部协同能够很好地利用共生交换平台，并增加寻找合适交换伙伴的机会。特别是在产业集群向生态产业园区转化的过程中，需要识别或创造加强企业间关联的机会，例如通过引进新企业来实现园区内产业协同。根茨(Genc)提出仿照自然生态食物链的方式建设生态产业园区，引进具有形成循环产业链潜能的共生企业入园，从而提高生态产业园的抗

① 黄训江：《生态工业园生态链网建设激励机制研究——基于不完全契约理论的视角》，《管理评论》，2015年第6期。

风险能力。① 在现实环境下，存在企业跨越组织边界的行为障碍，因而缺乏合作动力可能是企业外部因素所致，例如一些公司作为跨国公司的一部分，子公司拥有有限的决策权。为顺利实现园区与外界之间的物质能量交换，生态产业园区需要具备开放、规模化和动态化的特点，封闭系统的路径依赖及锁定会导致缺乏创新和适应性，可以用生态足迹的办法衡量产业园区内外部之间物质消耗和产出的交换转化水平。② 促进产业共生的有效办法是扩大交换范围，物质闭路循环的可能性会随着区域规模的扩大而增加。将整个产业区作为一个系统，如果一个企业出了问题，则另外一个企业可以作为补偿，通过产品和资源多元化，使整个系统很快适应变化并迅速恢复。产业协同也需要一致的方向和标准，共生网络出现在不同的层面上，包括多个不同的产业，存在不同水平的竞争，如果不能用统一的评价标准进行有序整合，则分散开展的产业共生会导致政策碎片化，从而降低政策管理效率甚至强化路径依赖效应。

实现产业协同的具体方案可以是：确定一个中心企业或领导者，凭借其威望和潜能成为其他企业的供给或消费者，这个中心企业的投入和产出成为下一轮企业募集的参考，其他企业可以利用中心企业的副产品，或者为中心企业提供副产品。领导者在开发社会关系和网络中起关键作用，需要具备凝聚力和远见，能够鼓励和指导人们解决冲突、达成一致意见，这需要一个不断进化的建立信任和达成共识的过程，领导者可以是个人、个体联合或者机构。荷兰“地方企业家协会”以成员企业的利益为目标，是项目的发起者，并作为地方领袖而存在。徐凌星等研究中国福建循环产业园区发现：单一化生态产业园区需要优化入园企业结构避免园区

① 参见 Genc O., Van-Capelleveen G., Erdis E., Yildiz O., Yazan D.M., “A Socio-ecological Approach to Improve Industrial Zones Towards Eco-industrial Parks”, *Journal of Environmental Management*, 2019, No.250, pp.1-14。

② 参见 Fan Y., Qiao Q., Xian C., Xiao Y., Fang L., “A Modified Ecological Footprint Method to Evaluate Environmental Impacts of Industrial Parks”, *Resources, Conservation and Recycling*, 2017, No.125, pp.293-299。

物质流结构单一，关联度和稳定度弱以及关键节点企业带动能力不足等问题的出现。① 在国家清洁生产中心的领导下推动下，韩国分3阶段15年建成了生态产业园，园区设立专门机构进行综合管理。管理系统的基本职能包括：维护园区社会的价值文化认同；解决企业之间以及园区管理者和成员之间的利益矛盾冲突；招募企业，维护企业的多样性以实现企业之间的副产品交换；协调园区成员和各级政府经济管理机构之间的关系。

4. 社会各界参与

除了企业，产业园的成功需要广泛的社会支持和主要利益相关者的积极参与。参与者包括各级政府机构、行业协会、教育和研究机构、专家和咨询机构、社会非政府组织等。地方社会在各个发展周期中持续发挥作用，形成产业园的地方文化和系统化的知识及价值观，被视为发展和壮大产业集群的先决条件。特别是在有污染历史和社会公众要求采取措施治理污染的地区，社会参与有助于形成公众和政策支持，产生环境利益和潜在的经济效益。然而在实践中，利益相关者和地方社会参与困难是系统再组织的主要障碍，尤其是如何发现他们真实的需求，并说服其相信生态产业园的未来发展潜力。因此，可以创建循环中介机构或管理中心，在参与者之间形成核心力并共享循环专业知识。地方政府在建立生态产业关系中应当起到信息中心或是中介作用，在集群中普及废弃物再利用知识，协助企业发现资源交换机会，发挥产业协调功能，建立生态产业关系。社会参与的目的在于营造生态环保氛围，增进公众对于生态产业的认识、提高服务供给质量，激发企业采取生态创新行为，在由企业、环境管理者、专家组织所形成社会网络的影响下，企业将形成持续的生态创新能力、实施生态产业战略。我国产业园区经历生态工业示范园、循环产业园区、绿色产业园区等多个类型的阶段性建设，未来的工业园区生态化工作需要

① 参见徐凌星、杨德伟、高雪莉、郭青海：《工业园区循环经济关联与生态效率评价——以福建省蛟洋循环经济示范园区为例》，《生态学报》，2019年第12期。

注重理清产业共生的内涵、确定相应的政策目标，通过政府参与部门的多样化和力量整合，实现生态产业园由试点到推广的过程。①

5. 法律体系支撑

亚洲各国对于生态产业园区普遍存在政策扶持，政策可以推动产业共生的形成，但是需要经过更长的时间检验。与市场经济相对应的法律体系使政策更趋于灵活和常态化，是对政策的有效替代和补充。生态产业相关环境法律和标准被视为推动企业采取共生增长策略的关键因素。卡瓦略（Cavallo）和埃斯波斯蒂（Esposti）将法律体系分为如下几个方面：建立协调系统，确保对空气、水和土壤污染的综合控制；城市基础设施管理；环境安全措施；对于环保型企业的优惠。② 严格的环境法律和标准是促进企业采取污染控制办法的重要推动力，如加拿大炼油城市萨尼亚面临废弃物出口的法律限制。美国法律规定不允许对物质集中进行交换（它们在资源保护和再生条例中被当作有毒物质）。同时，美国公共设施条例鼓励产业间共用蒸汽和电力，因为在其约束下会产生成本优势。日本政府为实现循环型社会设置了综合性法律框架，循环型社会基本法于2002年开始实施，设定了循环和去物质化的经济社会目标，目的在于提高资源生产力和循环度、减少埋藏量。需要注意的是，环境法律及标准的制定要与生态产业相一致，为产业共生创造更多选择机会。例如丹麦卡伦堡生态产业园区中建立的基于激励的规则框架，有效促进了副产品的交换和环境状况的改善，为我们提供了有价值的经验。

对于生态产业园区来说，广义的经济环境也是很重要的，在繁荣的经济条件下生态产业建设也会受益，而在不发达区域内任何形式的经济发展都会受到抑制。生态产业园区还需要具备开放性和动态化的特点以增

① 参见杜真、陈吕军、田金平：《我国工业园区生态化轨迹及政策变迁》，《中国环境管理》，2019年第6期。

② 参见 Cavallo M., Stacchini V., "Projecting Industrial Areas Ecologically Equipped to Sustain Competitiveness and Local Development", *Economia dei Servizi*, 2011, Vol. 6, No. 1, pp.61–78。

强创新及适应性,如果能够在更广阔的空间实现规模产业,则会在一定程度上克服交换和联系的困难。由于政治、经济、环境存在很大不确定性,发达国家和发展中国家的资源利用特点也不相同,所以生态产业园的建设应该与国情相适应。例如,由于资金限制,发展中国家应当更多与国际机构联合,进行国际环境项目合作。

(二) 阻碍因素

首先,资源交换策略不能有效实施是重要的障碍因素,如果交换过程中企业之间相互依赖的关键链条断裂,则会毁坏整个生态产业网。特别是小企业网容易受到主要企业离开而截断原料来源的影响,进而波及整个产业链的功能发挥。解决的办法之一是拓展交换范围,物质循环机会将随着区域规模的扩大而增加。其次,信息流动障碍、市场波动、政策环境变化都会加大生态产业园区运行风险。信息流动困难会直接降低园区效率。尽管处于同一个空间内部,但企业之间是相互独立的,管理架构和文化背景各不相同。再次,稳定的物质交换与循环是园区运行的核心,然而这种稳定系统的形成会受到市场及技术变化的干扰,循环也会受到政治、经济环境的影响,不能确保对一种产品或服务的需求可以永远延续下去。在投入和产出随时间变化的过程中,生态产业园区容易受到外界变化的影响而难以自我维持下去。因此,变化的经济环境限制了企业的引进,最好不要将标准强加给先进入的企业,而是采取综合动态的办法,根据企业需要将其放置在相对灵活的环境管理系统中。最后,产业园的历史负担可能会对产业园的发展形成阻碍,特别是与社会氛围相关的等级文化、负面事件、特权群体,它们或多或少会影响地方社会在产业园发展变化过程中驱动力作用的发挥。所以,引进先进的思维理念、进行管理创新、克服旧体制的束缚是园区长期发展的内在要求。

针对具体的产业组织过程,鲁圣鹏等采用问卷调查法研究显示:影响产业共生网络形成的因素可归纳为经济、技术与资源、企业认知与能力、政策制度、合作氛围、环境意识与效益六方面,其中资源和技术因素是其中的关键。[①] 园区可能遇到的阻碍主要包括:(1)生态产业知识的缺乏,将不利于形成生态化的企业和社会文化背景;(2)之前的消极经历,在产业集群生命周期中的单个事件会导致在后续抉择中缺乏信心;(3)抵制变化,在某些情况下路径依赖会导致锁定现象和组织惯性。[②] 生产过程中存在如下风险因素:(1)缺乏严格的质量控制标准,致使副产品的质量参差不齐等,对设备或产品质量产生损害;(2)副产品交换会对有毒物质产生依赖,需要进行物质污染控制和生产过程改造;(3)园区内规则的创新可能不会被管理机构采纳。因此,有必要对于不同的群体设计伞形的制度框架,使面临不同风险的企业得到不同的权利许可。以上是从园区内部的角度进行论述,对一些企业来说,外部力量如全球贸易和竞争、灵活的专业化同样制约着企业循环利用决策。特别是韩国生态产业园的例子表明:对目标产业园的不恰当选择、利益相关者之间的纠纷、缺乏规划等都会从整体上削弱项目的功效。

四、结　语

生态产业园区在发达国家已经实践了相当长的一段时间,由于产业构造、制度体系、布局特点不同,生态产业园区的发展也呈现多样化趋势。产业之间的协同共生是生态产业园区建设的核心目标,废弃物循环利用与能量层级使用是生态产业园运转的基本形式。关于形成模式,生态产业园可以是由核心企业逐步扩展开来的共生产业集群,也可以在原有园区的基础上翻新改造的生态产业园。市场和政府政策都对产业园区的建成与发展起到重要作用,但是实践证明必须以市场为主体增强产业园区

---

① 参见鲁圣鹏、李雪芹、刘光富:《生态工业园区产业共生网络形成影响因素实证研究》,《科技管理研究》,2018 年第 8 期。

② 参见 Arthur W.,"Competing Technologies,Increasing Returns and Lock-in by Historical Events",*The Economic Journal*,1989,Vol.99,No.3,pp.116-131。

的内生性，以使其具备持久运行的能力。同时，政策要起到有效的监督激励作用，为产业园的高效运转提供制度支撑和良好氛围。推动生态产业园区成功运转的因素有：地理位置集中和生态技术应用、持久的经济利益、产业间协同、社会各界的广泛参与、法律法规保障。生态产业园区作为中观层次的产业组织形式，是实现环境友好与产出增长双重目标的有效途径，也是建设生态文明社会、增强产业创新性和凝聚力的新型模式。我国的生态产业园区建设还处于起步阶段，对于园区建设模式、发展规律的把握尚在探索过程中，当前有部分地区生态产业园正在试点。如何在总结园区建设成功经验与失败教训的基础上，将生态产业园在全国更广范围内进行推广，是管理者和学者面对的重要课题。作者期望通过总结国外生态产业园区发展经验，为国内园区建设提供有益的参考借鉴。

第四章　生态文明前沿问题研究二：生物多样性保护的需求和实践途径

一、生物多样性的概念

生物多样性简单地说是指地球上各类生命形成的和谐共生机制。美国生物多样性保护组织给出的正式定义是："来源于陆地、海洋和其他水生生态系统的多样性生命组织，它们共同形成复杂的生态系统，包括物种内部、物种之间和生态系统之间的多样性。"①多样性生物持续生存在地球上为人类提供丰富的资源。原材料、食品、药品、文化娱乐产品都需要健康的生态系统作为支持。当前国内生态环境管理中对生物多样性的重视还相对不够，没有标准的衡量生物多样性的指标体系，公众对于生物多样性的含义和价值的了解也比较缺乏。生物多样性保护的范围应该不只限于单个物种的保护，实际上是对区域内部各类动植物和微生物整体生存环境的保护。生物个体之间存在相依相生的关系，生态系统的结构、种群保持动态协调性是生态良性循环的前提，有利于物种之间在适度的生存竞争条件下实现长期的和谐共生，因此生物多样性维护有利于促进生态系统的平衡发展。在生物多样性保护中，首先要维护地球上动植物赖

① UNEP, Finance Initiative, Biodiversity Offsets and the Mitigation Hierarchy: A Review of Current Application in the Banking Sector, 2010.p.12.

以生存的水、土壤、气候环境，为各类生物的存续提供物质基础；其次是监控生物链构成，防止因个别种类生物的缺失或泛滥造成生物链断裂和生态系统失衡。人是自然生物链关键的环节之一，生物多样性的维护对人类可持续发展同样具有重要意义，生物多样性支撑着人类发展，维护生态系统的平衡性，提供人类健康生存的必要物质如清洁空气、食物保障和淡水。生物多样性水平越高的区域生态容量越大，生态系统作为有机整体的抗干扰性和自我恢复能力越强。特别是，对于珍稀和濒危物种的保护具有保留地球基因资源的深远意义，为科学研究提供更多可利用资源，增强人类和生态环境抵抗不可预测的自然灾害的弹性和能力。

生物多样性保护组织直接关注的两个可持续发展领域是水下生命和陆上生命。生态系统也是人类赖以生存的前提。据估计，2013 年鱼肉提供给 31 亿人 20%的日常所需的动物蛋白，森林提供给全世界 5000 万人各类正式和非正式的工作岗位，给世界上最贫困的国家贡献了 10%以上的 GDP 产出。当前对于生物多样性影响最为显著的是人类生产开发行为。生产过程中的土地、水资源占用，各类废弃物排放除了对人类的健康和生存造成不利影响之外，还威胁到区域内生物多样性。① 实际上，所有行业，无论是否和生物多样性相关，都可以采取能够消减对生物多样性负面影响的管理方法和生产方案。采用 3R 型的生产过程，企业可以实现长期成本节约，降低废弃物处理费用和罚款额，提升企业的利润。从广义上讲，重视生态效率的企业不仅能够实现成本节约，还会力图创新、提升产品质量及商业价值，开发可再生资源，为市场提供能够解决环境问题和符合消费者需求的产品，从而有效消减生产对生物多样性的负面影响。并且支持生态环保也有助于树立良好的企业形象，推动企业市场范围的

① 参见 Arlaud M.，Cumming T.，Dickie I.，et.al.，"The Biodiversity Finance Initiative：An Approach to Identify and Implement Biodiversity-centered Finance Solutions for Sustainable Development"，*Towards a Sustainable Bioeconomy*：*Principles*，*Challenges and Perspectives*，2018，Vol. 21，No.1，pp.77-98。

扩张和可持续发展。

在全球层面上,生物多样性保护最主要的政策工具是《生物多样性公约》(CBD)。1992 年 6 月在巴西里约热内卢联合国环境与发展大会召开期间产生了《生物多样性公约》,该公约于 1993 年 12 月 29 日正式成为具有法律约束效力的国际法,从而为世界植物、动物和微生物保护工作以及国际合作提供了法律依据和政策指南,该公约当前包括 193 个国家成员。2002 年,生物多样性公约组织制定了各缔约方 2010 年生物多样性目标:显著遏制当前全球和地方层面生物多样性快速损失的局面,为缓解贫困和地球生命利益做贡献。引进私人部门参与生物多样性保护是政府间决策的一致意见,2008 年第 9 届生物多样性保护大会确定了生物多样性保护商业化的重点任务,生物多样性抵消成为关注的焦点,要求会议秘书处联系同生物多样性抵消相关的组织,共同开展该项业务。为实现联合国"爱知生物多样性目标"中"至少 17%的陆地和内陆水域以及 10%的沿海和海洋地区",2018 年生物多样性公约组织成立了全球生物多样性保护专家组,其中部分中国专家也包括在内,对于将中国生物多样性保护纳入世界整体框架内起到了积极意义。

生物多样性保护需要明确的标准和规范,例如如何判断生态友好型生产实践,如何购买生态友好型产品,如何判断投资基金是否符合环保型决策的标准。当前存在一些政策、科学研究、文献、商业案例可以作为参考,其中包括有机农业认证和林业管理委员会采取的最佳实际方案。从 20 世纪 90 年代开始,一些企业向"可持续林业"转型,企业对林业资源在生态承载范围内进行多元化利用。例如,使用低损耗的砍伐方法,进行林业管理核查;吸收当地人参与劳动并且把产品卖给绿色销售组织。这些绿色经济政策,私人部门的生态业务都属于可持续发展投入,不仅维护了生物多样性,而且有益于减少贫困、促进经济全面可持续发展目标的实现。

二、生物多样性价值

具体来说，生物多样性对可持续发展目标实现的意义在于：

（1）自然资源保障：管理良好的森林可以提供长期的水安全保障，在能源危机时期提供紧急性能源储备；

（2）水土保持和水体净化：湿地生态系统可以加固河堤，防止低洼地区的居民受到洪水的影响，提供水资源过滤净化服务，这类天然基础设施可以减少对人工水处理设施的需求；

（3）就业和收入：国家自然保护区可以提供税收收入和当地工作岗位；

（4）灾害预防：农业基因多样性有助于确保国家长期食品安全和预防突然减产，特别是一些能够适应极端气候（如洪水、干旱和高温）的物种是稀有资源，能够起到显著的灾害预防作用；

（5）稳定市场：农业、森林和渔业的可持续发展管理可以确保商品和服务的持续供应，降低供应链断裂和价格波动的风险；

（6）物种保护：识别、保护、培育稀有物种将提高自然生态系统的生产力，给生产者带来更多财富；

（7）应对气候变化：海岸生态系统维护可以减缓气候变化对贫困和易受害的海岸沿线居民的影响；

（8）新能源开发：生态系统能够提供丰富的生物质能，生物质能的可持续利用可以实现经济增长和化石能源消费的脱钩，增强国家经济发展的独立性；

（9）健康功效：良好的生态系统可以储备更多中草药，有益于人类健康；

（10）经济效益：对珊瑚礁的保护可以维护渔业的发展，为成千上万的人提供营养和生计。

生物多样性和生态服务的经济价值在行业领域也具有显著的政策意义，具体表现如下：

(1)受粉谷物的价值占全球粮食价值的35%，哺乳动物的市场价值在2015年为2350亿—5770亿美元；

(2)珊瑚礁的价值在于旅游、渔业和珊瑚礁保护，每年大约产生300亿美元的收入；

(3)中草药的市场价值每年约为830亿美元；

(4)世界可再生资源的市场价值大约是240亿美元。

尽管生物多样性保护的利益很清晰，却极少反映在市场领域。科斯坦萨(Costanza)等估计世界自然资源每年产生的价值是1250亿美元，而2015年全球的GDP是730亿美元。① 这说明资源的保护和开发潜力巨大，自然资源的闲置和不合理利用将直接导致经济损失，生物多样性和生态保护是未来经济增长和资本积累的助推器。表4-1是各个国家同生物多样性开发政策和融资方案密切相关的部门和领域。这些部门如果不能坚持可持续发展的原则，生物多样性保护的目标将会落空。百因(Bayon)是EKO资产管理公司的创始人，EKO是美国一家"发掘环境资产价值"的专业化投资公司，也是市场型环境政策的重要支持者和创建者。他认为关键的经济转型正在发生：自然资源和生态服务正在从不受重视和价值被低估转向"经济长期健康增长的保障"，资源再生可以成为财富创造的源泉。但是当前的现状是，一方面，生态经济正在形成，相关的商业机遇是显著的。另一方面，该领域存在着突出的障碍：缺乏足够的资金投入，缺乏区域或国家间一致性的政策支持，以生物多样性保护为原则的商业行为经常让位于利益最大化目标；实际上，同生物多样性保护相关的行业更多集中于资源开发和利用领域，这些行业的生态化转型和新技术应用是生物多样性保护的关键。

---

① 参见Costanzaa R.，Grootb R.，Sutton P.，et al.，"Changes in the Global Value of Ecosystem Services"，*Global Environmental Change*，2014，No.26，pp.152-168。

表 4-1　与生物多样性保护相关的部门和领域

国家	领域
乌干达	水资源环境，农业，旅游业，野生动植物，能源和矿产开发，工业和交通部门
塞舌尔	土地利用，房屋建筑，水资源管理，交通，贸易和信息业，农业、渔业、旅游业、自然保护区
菲律宾	加工制造业，林业和林产品加工，自然保护区，洞穴和洞穴资源，农业和育种业，旅游业，能源，交通及基础设施，水资源管理、渔业、采矿业、人类居住地管理，野生动物管理
南非	矿业，基础设施建设，农业，土地利用，水资源，污染物和废弃物管理，区域保护
博茨瓦纳	水资源，能源管理，农业，生物多样性，基础设施，旅游业，野生动植物管理，土地污染及修复
格鲁吉亚	能源，农业，林业，旅游业和矿业开采
斐济	旅游业，制造业，商业，农业，林业，渔业，土地资源开发和管理，水资源管理，房地产和城市开发
泰国	海岸和水生物，森林和山脉，湿地和河流，城市生物多样性

三、当前生物多样性损失情况

目前，人类并没有完全管理好自然资源。全球各地珊瑚白化现象突出，农业、森林、渔业和生物能源政策的不完善导致非预期的后果。全球生态评估组织（MEA）发现当前所有的生态系统都遭受到了人类活动的负面影响，例如，截至 2017 年，人类活动已导致红树林减少 35%，珊瑚礁减少 20%，热带雨林减少 50%。2013 年，世界自然保护联盟（IUCN）列出红色名单中显示 19817 种濒危物种，包括：41%的两栖动物，33%的造礁珊瑚，25%的哺乳动物，13%的鸟类，30%的松柏类植物。脊椎动物消失的速度在上世纪是自然消亡速度的 100 倍，持续过度捕捞对水生物造成严重影响，使鱼的种类在 1970—2000 年减少了 52%。并且全世界物种消亡的速度是不均匀的，在海岛上更为显著，占灭绝鸟类的95%，占爬行动物的90%，哺乳动物的69%，植物的68%。小岛国家经济结构单一、高度依靠自然资源，并且也是受气候变化引起灾害影响最直接的国家。生物多样性损失也加剧了全球贫困，当前世界上有27亿人口生活在贫困线以下，每天的支出不足2美元，直接依靠生态资源生存，生态系统灾难性变化将会影响这些绝对依靠生态系统生存的穷人。例如，非洲超出70%的能源来源于木柴燃料，全球森林面积2010—2015年减少330万公顷，直接影响到贫穷农村的发展，提高了当地居民的生活成本，甚至威胁到他们的生存。

我国是全世界生物多样性资源最为丰富的国家之一，生物多样性资源主要分布在西南和东北地区，如云南、四川、黑龙江等省份。这些地方水资源丰富、人口密度较低，因此形成了种类繁多的物种资源，生物多样性的保护也成为当地发展经济过程中需着重考虑的内容。美国《华尔街日报》网站2015年11月13日报道：世界自然基金会估计，中国的陆生脊椎动物——包括哺乳动物、两栖动物、鸟类和爬行动物的数量在过去40年中下降了近一半。在1970年至2010年这段时期，爬行动物和两栖动物遭受了最大的打击，而且这些动物的栖息地遭到侵占。相比之下，鸟类情况好一些，在某些地方，实际上实现了蓬勃发展。世界自然基金会发现，自1970年以来，鸟群上演了整体大回归，数量增长了43%，这在一定程度上是由于自然保护区的增加。人类生活是影响多样性资源存续的首要因素，土地开垦、修路、建造水电站、发展乡村旅游和房地产业等都会影响到物种的生存和发展。山地、草原中道路的过多建设隔离了生态板块之间的联系，使基因资源产生流动性困难，进而减少种群数量和降低动植物抗病性。农田中过多使用化肥和农药除了降低土地的生产力，还破坏了动物的生存环境，造成土壤生境的物种多样性退化。

除此之外，气候变化和物种入侵也会对生物多样资源造成不可逆转的损害，对气候变化应该采取适应性应对的办法，在维护区域气候环境的同时，实施各类有利于物种适应新气候环境的保护方案。物种入侵造成水环境、森林湿地环境被破坏，在近些年也屡有发生，例如水葫芦、巴西龟、克氏螯虾、美国白蛾等，由于缺乏天敌的制约，这些物种曾经在我国一度泛滥成灾，破坏了本地食物链构成，侵占了其他物种的生存空间，对生物多样性资源造成显著的减损。应该从海关贸易这一源头开始防范物种入侵，用打捞捕杀、生物性状干预、引入天敌的办法减少入侵物种的数量规模，维护区域生态平衡。

近些年，国家对生物多样性保护的重视程度日渐增强。2014 年中国生物多样性保护国家委员会会议审议了《加强生物遗传资源管理国家工作方案（2014 — 2020 年）》和《生物多样性保护重大工程实施方案（2014—2020 年）》等，对进一步做好生物多样性保护工作作出了部署。保护区建设是我国自然保护地建设的主体。2018 年，我国新增国家级自然保护区 11 处，总数已达 474 处。自然保护区范围内保护着 90. 5%的陆地生态系统类型、85%的野生动植物种类、65%的高等植物群落。荒漠化治理使国内沙土化土地面积从 20 世纪末年均扩展 348 平方公里，到 2019 年年均减少 114 平方公里；沙漠绿化率达到 30%，沙漠面积同新中国成立初期相比减少了 600 多万亩。植树造林和生产生活减排使京津冀地区冬季重污染天数呈现逐年下降的趋势；长江、珠江、淮河等江河的水质也有明显改善，二级以上水质比重大幅度提升。

（一）生物多样性中存在的商业风险

对于大多数了解生物多样性的经营者来说，生物多样性通常被看作经营过程中需要规避的风险。这对于需要实现生物多样性价值转换的行业尤为重要，例如农业、采掘业、林业和基建行业都依赖于生物多样性的维护。因为这些行业的价值链很有可能同生物多样性风险相联系。通常来说，这些行业将评估及管理生物多样性风险相关的支出，例如监测、影响评估、补偿金支付、抵消成本、核证颁发费用，都被看作经营过程中必要的成本。最常见的生物多样性风险是阻止或延迟商业活动，由此可能损失市场份额并导致长期的信誉损失，下面举几个典型的例子。

(1)对运营许可的影响

为了保护生物多样性而禁止项目运营或不颁发运营许可。例如,在俄罗斯库页岛,壳牌石油公司的运输项目规划由于可能对濒危动物灰鲸的生存造成影响,因此被迫改变了海上石油运输管道的线路,损失总计达到3亿美元。另外在建设一些水上大桥的时候需要考虑符合当地的环境管理规则,包括对重要的鱼类栖息地的保护,从而造成显著的项目延迟。

(2)工程延期

俄罗斯石油运输公司的项目曾经被严重延期,原因在于项目选址靠近贝加尔湖,为避免对远东豹的生存影响而改变了原有的石油管道线路,造成10亿美元的损失。

(3)企业价值缩水

因为环保问题而造成项目被拒也会给企业带来运营和财务危机。例如,爱尔兰都柏林湾的项目因为临近自然保护区而被拒,之后英国港口运输公司的股票跌了12%。

(4)信誉损失

印度尼西亚林业公司三林集团因为非法伐木而受到批评,并失去在一些林业管理委员会给予的业务核准资格。这也影响到该公司的上市,相关银行因为负面消息而不愿意提供标准的IPO服务。

(5)无法提供产品

20世纪90年代,由于鳕鱼的数量锐减而价格出现急剧上升,联合利华在经营中严重依赖于优质冷冻食品,因此利润下降了30%。

(6)建筑道路违规拆除

中国秦岭自然保护区内曾经建造了一些私人别墅。2018年,这些建筑因违规占地及对保护区内生态环境造成不利影响被强制拆除。

(二) 生物多样性存在的商业机遇

尽管以往对生物多样性的经济价值研究较少,也很少出现在企业的财务报告里,即经营者尚未普遍将生物多样性作为经营的优势策略。但是由于对生态服务价值的认可度不断提高，生态资源在一定程度上可以产生附加经济效益。因此，对企业经营来说，生物多样性保护的风险和机遇同在，生物多样的商业机遇存在于：

(1)由于合理管理和保护生物多样性及生态服务而获取利益(例如保护银行、湿地银行和造林减排从环境交易市场获利，或因生态产品及服务而盈利)。

(2)品牌提升效应

生物多样性作为公共物品，企业进行的保护行为将得到更多消费者认可。例如，企业可以通过实施可持续发展采购、生产或投资策略提升企业形象。

(3)新产品和新市场

一是参与新兴的固碳、流域保护和生物多样性核证和信用市场。例如2009年，6个国际基金组织投资46亿美元用于防止森林破坏和工程开发造成的碳排放增加；作为生态保护的替代性交易市场，美国消减银行年销售额是12亿—24亿美元之间；澳大利亚的“灌木保护经营”体系中，用于抵消对生物多样性不可避免负面影响的信用价格也在成倍上升。

二是开发新的对生态系统影响小的产品和服务。例如新能源、可回收塑料制品、生态旅游等。这些经营活动在取得生态效益的同时，如果能够合理运用新技术和管理模式，也将取得可观的经济收入。

三是为木制品、海产品等商品提供生态标识。被标识产品不仅价格相对高，而且为企业树立了好形象。

四、生物多样性保护治理的需求和途径

(一) 保护资金需求

生物多样性作为公共物品，合理保护的途径有两条：第一，政府提供公共资金或政策进行公益性质的保护；第二，在公共政策的支持下将生物

多样性作为有价值的商品，实施商业化运作，如湿地银行、物种银行进行的以生物多样性补偿为目的的市场交易。实际上，生物多样性具有公共物品性质，对其的保护除了依靠社会生态文明意识的提高外，还需要大量的公共资金投入。资金用于发展生态农业、渔业和旅游业，用于退耕还林、退耕还牧的补贴，用于给生态保护区服务人员发放工资。一些重大生物多样性保护工程，如生态公园建设、水利设施建设、生态修复工程、珍稀动物保护工程都需要资金和技术投入。尤其是在生物多样性保护项目运行之初，没有生态产品或服务的价值回报，需要依靠政府和社会组织筹集资金。国内对各类自然保护区每年都投入大量公共资金，但是实际上由于保护区数量多，国家级自然保护区的可支配资金相对充裕，而省级及以下自然保护区还存在资金匮乏、缺少专业的生态管护员等问题。在全球范围内，依据联合国政府间专门委员会制定的“可持续发展融资 2030 议程”，需要全球每年融资 3.3 万亿—4.4 万亿美元，即用当前 GDP 的 5%左右来实现可持续发展目标。当前可以筹集 1.4 万亿美元（其中生物多样性融资占 10%），还存在 1.9 万亿—3.1 万亿美元的缺口。虽然缺口数量较大，但是在全球金融资产数量超出 200 万亿美元的背景下，填补的可能性仍是存在的。因此，需要实施新的财政金融转型政策，将生态保护或可持续发展概念更好地融入经济运行中。

如表 4-2 所示，全球每年至少 520 亿美元的可持续发展资金是花费在生物多样性保护上的，其中一半支出来源于国内预算，剩余的一半来源于公共基金。尽管私人部门主导着生态产业（例如农业、渔业、林业、旅游业），私人部门的投资数量仍非常少并且难以量化。2016 年，联合国生物多样性专家库的人员估计，自上而下的完成 2020 年战略规划所需要的融资数量，大概是每年 1500 亿—4400 亿美元的投资数量。为实现可持续发展目标，全球生物多样性融资需求规模大约是全球 73 万亿美元 GDP 的 0.2%—0.6%。但是这一融资目标无论是在发达国家还是在发展中国家都很困难，现有资金只占到资金需求量的 12%—35%，实际上，全球年生态资源估值为 24 万亿美元，约占 GDP 的 30%，对生态环境的保护是存在显著预期收益的,对世界可持续发展具有不容忽视的意义。

表 4-2　全球生物多样性保护资金供需结构

资金项 规模	可持续发展资金需求	生多保护融资需求	实际融资	融资缺口	年生态资源估值
数额（亿美元）	40000	1500—4400	520	980—4480	240000
GDP 占比	5.4%	0.2%—0.6%	0.07%	0.13%—0.61%	32.4%

当前大部分生物多样性投资都不是全球水平上的,主要发生在国家和地区层面,因此数量统计最好从国家和地区层面入手。生物多样性公约组织也在收集和发布一些国家的生态融资信息,以便于更好了解资金的来源、规模、差距和识别生态基金流动途径。赤道国家存在大量与生物多样性资源开发与保护相关的中小企业,这些企业通过一些传统渠道融资增长迅速,并且对生物多样性保护具有积极意义。但是,为扩大企业规模、提升发展质量,大部分企业更需要长期股份和债务融资,企业在这类融资过程中存在如下困难:

(1)大多数生物多样性企业规模太小不能获得正规的机构融资;

(2)当地银行资金数量少,贷款利率较高;

(3)小项目面临的商业风险和交易成本都很高;

(4)当地银行和其他投资者对该行业并不熟悉;

(5)多边机构和基金更多关注于非政府组织而非单个生产者;

(6)大多数资金更愿意投向保险、通信或能源项目;

(7)新兴市场很多企业是家族式的,不熟悉合资或股份制模式。

由于全球小企业众多且资金技术力量相对薄弱,使小企业获得更多资金并采取可持续的生产方案,可以推动生物多样性保护实践。小企业融资过程中通常需要市场、核证、社会关系和管理机构提供帮助,需要同市场和技术合作伙伴建立联系,为项目取得授权或低利率贷款。金融贷款、风险资本、技术支持、培训和市场开发对于生物多样性行业都是必要的,但实际情况是,当前很多国际和当地银行,以及机构投资者并不了解这个行业的投资机会。

(二)可用的政策工具

当前可用的保护生物多样性的政策工具可以分为补贴和管制性质两种。首先,补贴性质的工具包括实施优惠利率、地租及分配补贴、道路建设和农业补贴,政府可以通过这些政策影响私人部门投资,进而作用于生物多样性。其次,管制性质的工具包括税费、环境罚款、交易许可、配额等,这些都是可以实现生物多样性保护和负面外部影响最小化的政策方案。企业应当响应有严格环境约束的政府规则、国际协议和公约,从而使生物多样性保护服务无成本地被提供。实际上,一旦达到生态破坏的极限,所有的消费者都会遭殃,诸如清洁水或空气这样的免费生态服务将不能被提供,因此法律应该限制企业排放量。为配合政府政策,一些国际借贷机构如国际金融公司和欧洲发展建设银行将符合环境规定作为给予借贷投资的前提条件,但是由于在借贷过程中,企业具有多个可借贷对象,仍不能完全消除企业逃避环境责任的现象。政府发起的生物多样性保护项目同样不可少,例如修建国家公园和郊野公园、划定生态保护区,公园可以为一部分管护经营者带来收入。同时,在这个过程中可能存在外部性,一些生态旅游和非砍伐的林业项目给当地人带来的好处可能并不多,需要政府提供外部支持。

生物多样性保护的第一个常见方案是影响消减。依据消减的原则,需要采取措施制止或避免对生物多样性的影响,从而达到最小化和减量化以及修复或再生的效果。在等级消减的框架内,所有存在显著生态影响的人类活动都应该列入生物多样性抵消的范围,以达到生物多样性零净损失的目标。在执行过程中,如果不能采取抵消的方案,也应该考虑其他补偿性措施。等级消减的正式应用是在一些法律裁决案件中,政府可以有效实施环境保护政策。开发者通常被要求出具环境影响评价报告。

作为被开发者广泛认可的文件，评价报告是将生物多样性保护方案融入企业生产的有效工具。为取得开发许可，开发者被要求制定环境管理规划，说明影响消减方案的实施和监管过程。除此之外，生物多样性行动规划也可用于界定更加具体的行动措施，从而起到对生物多样性保护作用。在一些企业里，影响生物多样性的项目实施者都被要求遵守行动规划；赤道原则银行的项目融资中，符合行动规划要求被作为条件写进借贷合同书中，违背这一规划要求的项目会被拒绝贷款。生物多样性影响消减方案为企业提供处理直接或间接生物多样性风险的途径，展示了企业的正面社会形象。

第二个方案是市场化的生物多样性抵消。生物多样性抵消是有效的市场化保护途径，通过生物多样性抵消的办法能够较好地实现生物多样性保护和经济产出双重利益，用最新的保护行为补偿人类活动的环境影响。联合国环境规划署将生物多样性抵消定义为：可测量的生物多样性保护成方案，用于补偿工程项目在实施一定的预防和消减措施后，仍具有的显著逆向生物多样性影响。① 生物多样性抵消的目的是消除物种组成、栖息地结构和生态服务的净损失，或获取净收益，实现对实施一定的消减和修复措施后仍存在的栖息地环境负面影响的补偿。抵消不应当只是被看作是短期内消减的需要，开发者必须清楚什么是可以抵消的，什么是不能抵消的。由于生物多样性本身的复杂性及其具有的内在经济社会和文化价值，必须理解抵消的局限性并恰当和小心地使用这种方法。抵消被越来越多用于生态资源补偿或经营性盈利，政策以各种形式广泛用于美国（湿地消减、保护银行）、比利时（生产和林业抵消项目），以及澳大利亚和欧盟等国家。并且，越来越多的组织开始认识到将抵消应用于商业实践的经济利益，这包括：提高土地和资源的获取性、满足社会价值要求、增进公司信用、更容易获得金融资源等。

① 参见 UNEP，Biodiversity Offsets and the Mitigation Hierarchy：A Review of Current Application in the Banking Sector，2010，pp.1-43。

当前公共部门的生物多样性保护政策和资金投入远不能满足整体需求,通过体制改革或公共激励推动私人部门参与是必要的途径。可鼓励私人资本投入生物多样性产业的方案如下:(1)制定和推广生态标准和规则;(2)为中小企业融资;(3)将互联网和信息技术应用于生物多样性保护;(4)公私部门合作;(5)进行机构投资;(6)从类似碳交易的保险和流域的管理中获取收益;(7)对未来企业管理者进行教育。① 私人部门参与生物多样性保护除了直接的资金投入外,还可以通过技术应用、环境市场交易、专利和标准推广的形式使生物多样性管理规范化、生态资源市场化。在过去,中小企业没有足够的能力承担高额的生态保护费用,但是当今互联网和通信信息技术的快速发展改变了市场链条,消费者和生产者之间的联系更加容易,信息互通改变了以往的商业模式。手机和电脑使更多不发达区域的村庄可以面向国内外市场,减少中间环节直接同买家或消费者联系,从而提高了在供应链上的利润份额。因此新技术应用使更多生产者能够承受来源于有机、核证、小规模、环保生产等因素的高成本,生物多样性保护的商业化运作也将越来越成为可能。

（三）生物多样性保护同商业组织的联系方式

引进私人部门参与生物多样性保护是政府部门的一致意见。2008年第9届生物多样性保护大会确定了生物多样性商业化的重点任务。最近致力于将生物多样性保护整合进商业活动的组织在不断增加,例如:

(1)欧盟FI组织是欧盟和全球金融部门之间成立的联合组织,有超出180个会员。FI的生物多样性和生态服务工作团队的作用在于:协助金融机构处理由于生物多样性损失和生态服务降级引发的问题。

(2)生物多样性抵消商业组织(BBOP)是由40多个企业、政府、金融机构和生态保护专家联合组成的组织,研究实施生物多样性抵消,主要的

① 参见Rubino M.C.,"Biodiversity Finance",International Affairs,2000,Vol.76,No.2,pp.223-240。

目标是：

第一，在生物多样性抵消项目的组合方案下，衡量生物多样性损失和生态效应。

第二，开发、测试和宣传生物多样性抵消方案，最终形成生物多样性抵消最佳实践的方案。

第三，研究在生物多样性抵消方案中，实现生态保护和商业价值双重目标的途径。

其他有影响的组织包括：

生态系统和生物多样性经济组织（TEEB）：这个国际组织致力于发掘全球生物多样性的经济利益，将自然科学、经济和政策领域的专家集合在一起研究实践方案。世界可持续发展工商理事会（WBCSD）：由德国政府环境部发起，包括60多个需要防范生态服务相关的商业风险的企业，倡议用市场化的方法推动生态资源的可持续利用和生物多样性保护。其目的在于引进民间部门参与生物多样性保护中，通过签署和实施"领导力宣言"，将生态保护和生物多样性可持续利用融入企业管理实践中，并发布最佳实践方案，积极参与日本COP10会议，以推动生物多样性保护成为国家治理战略。

五、生物多样性保护的政策和市场化途径

生物多样性融资是提升资本管理质量的实践，它用经济刺激手段支持可持续性生态管理。当前生物多样性和生态系统服务投资的需求和所获取的利益都在增长。生物多样性投融资聚焦于经济发展政策，以及附带的生态保护和生态系统可持续管理目标；在维护生物多样性的前提下进行项目开发，对生物多样性受到干扰的区域进行补偿性融资。生物多样性融资的三大目标是：生态服务支付、森林可持续利用、基因资源保护与共享。这些融资多数存在经济回报，回报数额的高低以及对生物多样性保护的意义决定了融资的难易程度。整体上，生物多样性投融资是带

有强制性质的经济活动，在政策的推动下，可利用金融资源的范围在不断扩展。资源流动分配的形式也日益多样化，“混合型”融资方案促成了公共、私人和社会公益组织的常态化合作，绿色债券和风险资本的不断创新也促成了绿色金融市场的扩张。

（一）政府和国际组织融资与管理

全球性生物多样性融资机构——BIOFIN，该机构发起于第10届巴黎会议的生态多样性保护议程，议程解释了更好了解生态资金支出方向和融资需求，以及制定综合资金分配策略的必要性。其成立的目的是：识别和实践有利于维护生物多样性的可持续发展方案。BIOFIN提供创新型的计量和融资办法，使各个国家可以度量当前的生物多样性支出，评估资金需要、确定最合适的可以取得既定生态目标的融资方案。该机构的工作主要任务是完善国家生态融资机构、满足国家生态保护和持续发展的需要。BIOFIN被认为是生物多样性保护《2011—2020年方案规划》的重要支撑，融资首先经欧盟授权，由德国、挪威、瑞士等国提供资金支持。BIOFIN当前已成为联合国开发计划署全球管理的一部分，积极支持各个国家加强生物多样性和生态管理：在此框架下，共有31个国家发起执行程序。BIOFIN的生物多样性融资规划中使用了三个国家层面的评估程序，即收集规模质量相关数据、创新管理方法、创建全球和国家专家库。BIOFIN的实施方案是创新性、逐步适应的过程，可以使参与国：

（1）评估生物多样性融资的政策、文化和经济背景；

（2）从公共、私人部门和捐赠者的角度，衡量分析当前的生物多样性支出；

（3）对达到国家生物多样性目标所需要的资金进行科学的估计，并同当前资金支出和其他资源开发利用相对照；

（4）开发出能够促进最有效的融资的资源分配和政策方案。

参与国制定了完整的评估方案，促进不同融资方案有效实施，从而实现了以生物多样性促进可持续发展。为实现资金利用效率最大化，参与国组织也在不断识别利用资金杠杆的潜在机会。机构在项目进行的过程中积极征求利益相关者和决策者的意见,进而调整政策、资源和政策结构以更好实施生物多样性融资方案,具体包括:第一,政策可实施性,借鉴相关机构融资经验制定政策;第二,融资的合理性,衡量生物多样性投资回报,在考虑到成本收益分配的基础上进行经济案例分析;第三,将方案融入更广泛的可持续发展规划议程中,促进更加有效和公平的可持续生物多样性管理。

1980—2008 年,国际生态保护相关的资金主要以授权和优惠融资的方式从发达国家流向发展中国家。《生物多样性公约》(CBD)缔约方大会在 2014 年达成部分协议:到 2015 年将流向发展中国家生态相关的国际融资增加到 2 倍,并在 2020 年之前维持这一水平,其间需要国际法确保生物多样性资金的流向。全球环境基金组织(GEF)并不直接实施生态保护项目,而是通过 4 种渠道向发展中国家投资:(1)世界银行;(2)其他开发银行;(3)国际组织如联合国环境规划署(UNEP)、联合国开发计划署(UNDP);(4)非政府组织如保护国际基金会(CI)、世界自然基金会(WWF)、国际自然保护联盟(IUCN),因此在统计资金信息时也需要防止重复计算。研究 171 个国家 9445 个以国际开发援助形式发起的生态保护项目可以发现,世界银行是最大的资助者,总计达到 58 亿美元,全球环境基金组织次之,总计 51 亿美元。在 2002—2008 年,年均为 11 亿元美元,与初期 1980 年相比增长了 4. 5 倍。

自 1991 年成立以来,GEF 已经以授权的方式给 155 个国家 1200 个生物多样性相关的项目支付资金。在同一时期,世界银行对 86 个国家 159 个生态相关的项目进行了优惠性贷款。相比较世行的项目,GEF 的特点是:规模小、覆盖更多国家、不需要归还款项。并且,那些在 IUCN 名单上出现大量濒危物种的国家,取得了最多的援助。2014 年,GEF 组织的生态融资达到 1. 92 亿美元,世界银行认定为生态融资的项目达到 5. 74 亿美元,据统计这两个来源占国际融资份额的大约 60%,即全球融资的数量大约为 12. 7 亿美元。全球环保基金 GEF 在生物多样性融资中的作用显示其优先权,具体反映在融资优先权,战略目标和生态侧重,基金条款也存在同国际环境惯例的一些冲突,特别是在气候变化领域的。例如,GEF 中捐助者在决策中占主要权重,但是绿色气候基金(GCF)采取协商的办法,对发达和发展中国家的每个参与者分配了相同的权重或席位。资金分配是气候变化协商中出现的焦点问题,同时以总成本还是边际成本衡量的争论也是关注的焦点。

合理分配资金是体现捐赠者资金意愿的前提条件,如何使项目结果符合预期也是新的研究领域。CBD 框架内的国家实践规则可以用于一些项目管理领域,例如统一达成国际项目的生态标识标准,以 OECD 和世界银行作为载体,还包括如何计量大型基础设施建设成本,或多目标生态投资项目中同生态相关的累计总成本。在项目管理过程中不仅要注意加强同生态决策一致性的过程监管,也要评估资金的使用绩效。具体来说,生物多样性政策和规则回顾总结了多个国家生物多样性融资项目的内容和特征,领域涉及气候、水、森林、交通和健康,内容包括国家生物多样性战略和行动计划(NBSAP)、国家生物多样性评估、国家预算安排、法律和政策安排、主要的参与者、现存的生物多样性融资方案等。例如在南非,政策评估文件总结分析了国家生物多样性管理的框架,以此强调和阐明生物多样性保护在国家发展中的作用和位置。NBSAP 描绘了借助进行生物多样性评估和生态建设支持南非经济发展的路线图,战略规划目的在于"保护、管理和可持续使用生物多样性资源,造福当前和未来的南非居民"。需要全方位保护自然环境,使子孙后代享有至少同等的资源价值,应将自然资源和生物多样性保护的范围集中于:旅游、农业和农村发展、基础设施、人类居住地空间规划。

哈萨克斯坦当前已建成生物多样性影响贡献度的专家评价系统,行为活动贡献度分值从 0—100%不等,100%表示对生物多样性保护具有完全直接的影响,0 表示完全没有影响。这个系统在 2008—2014 年间用于哈萨克斯坦国家预算,总结了历史支出模式,以及基于历史经验及未来预期的替代性预算方案。融资需求评估机构(FNA)依据国家生物多样性规划目标，估计资金需求量及当前存在的支出缺口。FNA 将 NBSAP 作为衡量生物多样性投资需求的指导性文件。融资需求评估对每项可能性支出列出预算清单，需求评估也比较了项目一般商业化支出和国家生物多样性规划下资金需求的差距。菲律宾国家生物多样性战略行动运用了包括主要利益相关者、专家和政府官员的迭代评估方案，估计了 2015—2028 年规划的各类支出数额。其初始支出额较高，原因在于保护区内人口向非保护区或生态价值低的地区转移会产生附加费用。最终，融资规划提出融资方案，补足当前可用资金和生物多样性管理所需投资之间的缺口。

生物多样性融资规划目的在于：提出一致和综合性的国家生物多样性融资方案，各个国家的方案大致如下：

(1)印度尼西亚在伊斯兰投资基金的框架内，制定生物多样性投资组合方案；

(2)南非激励民间部门对野生动植物保护进行投资；

(3)斐济将气候变化基金用于生物多样性融资；

(4)马来西亚、墨西哥和秘鲁推行生态保护法，实施生态服务付费；

(5)泰国在王室的支持下，举办生物多样性融资庆典和捐资活动；

(6)塞舌尔促进旅游业中公共和私人利益相关者合作融资。

（二）生物多样性保护的市场化方案

1. 可利用的市场化资源

当前生物多样性保护存在巨大的资金缺口，同时保护工作需要调动各方面力量，例如组织技术专家、项目管理人员、生态服务人员等，因此生物多样性保护不可能完全由政府或相关社会组织完成。《生物多样性公约》的相关保护目标只有在可持续发展成为大众化的理念和选择，并由此产生经济性保护行为的条件下才会得到实现。① 因此，在市场经济条

① 参见 Dempsey J.，"Biodiversity Finance and the Search for Patient Capital"，*Enterprising Nature*，2016，No.8，pp.159-191。

件下,生物多样性项目能够产生持续的资金回报是必不可少的。近些年,各个国家从可持续发展的角度寻找和吸引新的资源,引入私人部门共同实现可持续发展目标,其中一些先进的企业已经在保护和可持续利用中成功获利。这些利益来源是多方面的:首先,消费者对环保健康效应的要求日益增长,生态产品和服务的需求市场随之扩张;其次,考虑到效率、节约成本和社会责任,企业也有意愿参与到生物多样性保护中;最后,政府发布实施对破坏生物多样性行为的惩罚性法规,也以税收和补贴形式的激励为生物多样性保护作出贡献的经营者。

为扩展生物多样性保护范围、实现保护项目的可持续,创建可盈利的生态资源企业是关键环节。实际上,各方利益相关者都力图使生物多样性成为市场的一部分,通过经济行为保护生态资源。生物多样性市场具体应该被界定为"具体化的、可交易和可融资的商业实体",通过市场化的方式实现自然资源的产权分配和商品化。① 市场化的运营机制也会产生相应的利益,具体例子有:坦桑尼亚当地居民因为在流域功能保护中作出贡献而得到回报;巴西亚马逊河口的生态保护项目为居民创造新的收入,这些收入大部分来源于国际组织或本国政府;哥伦比亚拥有世界上已知生物多样性资源的1/10,该国在2011年通过了鼓励持续商业化利用该国生物多样性资源的政策规划,建立生物勘探国有公司、发展生物技术研究,在持续利用生物多样性资源的基础上开发工业企业和产品。在越来越多银行对外贷款中,符合环境和生物多样性保护已成为基本的条件,对生物多样性保护项目发放低息贷款也是开发银行的普遍做法。总之,由于生物多样性保护得到各国政府和社会组织的支持,生物多样性本身也是可开发利用的资源,由生物多样性保护创造的价值不仅为北半球的投资者带来收益,而且可以使南半球居民增收。

国际上存在多种衡量生态多样性价值的途径,其中最好和最有效的

---

① 参见 Sullivan S.,"Banking Nature? The Spectacular Financialisation of Environmental Conservation",*Antipode*,2012,Vol.45,No.1,p.201。

办法就是给生态资产定价，但是需要市场机制的参与，产权界定在这类交易过程中也是必不可少的。当前包括生物多样性保护、自愿性碳交易、欧美碳交易市场和水权交易在内的环境市场呈现增长的趋势，环境交易市场在政策和规则的驱动下，能够利用市场机制实现经济活动外部性的内部化。但是环境资源具有公共物品性质，当前还不能完全商业化，产权的划分和定价是主要障碍。为克服该障碍，"消减银行"产生并成为发达国家实施生态保护的重要市场化途径，即通过消减其他地区的生态损失来保护该地区环境质量。据报道，消减银行目前有超过 30 亿美元的产业并在不断增长，市场价值驱动于包括房地产在内的基础设施建设以及能源生产和分配。在该交易体系内，生物多样性保护的市场价值受经济发展的影响，例如，经济衰退可能对环境有利（更少消耗化石能源），但是对于以保护生物为目的的消减银行来说不见得是好事情。因为消减银行（如湿地和物种银行）在对生态资源定价的过程中，价格在一定程度上受到相关市场如房地产、矿业市场的盈利能力的影响。

在美国加利福尼亚，圣贝纳迪诺市的发展影响到濒危物种印度德里花沙蝇的保护，一家消减银行以每英亩 10 万—15 万美元的价格出售生态信用给城市开发者，在这种情况下，栖息地的价格也决定于土地开发收益。定价是一件相对困难的事情，需要采取更加公平的方法衡量物种的经济社会价值。还有观点认为核心问题是定价方法是否真正有利于保护生物多样性，从政策的角度分析是应当采取抵消还是避免的办法。在全球环境快速降级的背景下，以生态资源丰富地区的生态损失为抵消标的物是否合理，这些生态损失能否在替代区域得到有效的补偿。实际上，任何的抵消安排都必须被全面考虑，保证不会抑制企业减排行为；不论是否采取生态市场行为，对生态系统和生物多样性的保护都是根本目的。

从 20 世纪 90 年代起，国际组织给一些生物多样性资源减少过快国家提供的援助不断增加，同时，私人部门的投资也快速增长。如果私人部门的资金流入新兴国家市场后可以被直接用于和生物多样性相关的商业活动，对生物多样性保护的作用将是巨大的。生物多样性市场价值的重要体现是生态服务回报。生态服务通常被视为可由多个人享用的公共产品,不需要特定的个人支付服务费,例如公共水资源供应、森林氧气、土壤产出。但是生态资源的无偿提供需要限定在一定范围内,超出个体必要消耗水平之外的由生产者引起,或个体额外消耗都应该通过市场机制予以补偿。在市场环境下,给生态服务定价和补偿,将有利于生态保护规模的扩大。当前政策制定者、科学家和经营者都试图从生态服务中创造价值,碳减排和流域管理补偿、生态项目低利率都是生态服务维护产生的利益,这些资金收入在一定程度上可以抵消由可持续生产方式带来的高成本。碳交易是世界上最为流行的生态保护市场化机制,但是关于碳信用的国际协议还存在模糊之处,当前正在设计能够获得公众的认可和支持的碳协议。例如,一些电力和汽车公司企业被要求购买碳信用抵消碳排放。哥斯达黎加的某一电力企业承诺将国家公园的面积扩充至 2 倍,法国标致汽车公司拟投资 1500 万美元于比利时的森林恢复。在一些地区,水电企业会支付给流域内土地所有者经费,用于森林和土地保护。在可持续林业风险补偿的办法中,保险者只给符合可持续发展林业管理标准的林场承保;为有效防范风险,符合条件的林业公司才有资格享受低额保费。

在生物多样性保护市场化的过程中,保护和利用二者之间的取舍必须被澄清。由于消费者寻找和购买“绿色”和“可持续”产品,环保标识的潜在生态和经济利益是不可被忽视的,产品的价格相对更高,因此具有环保概念的商品也是生产者的获利来源之一。同时生产生态化也并不意味着产品可以被无限生产消费,倡导绿色消费就包括消费总量控制在内。环保标准的界定也会随着科学技术的进步和商业活动实践而优化革新,产品生态效应将会更加明显;市场化生物多样性保护机制是由市场标准和商业利益共同推进的,市场规范建设也成为生物多样性资源保护和利用的基本前提。借助与生态保护相关的商业活动,可以从生态系统和基因资源中获取新价值,通过合理利用资源减缓环境压力;创新经营模式,可以降低生产行为对基因资源可持续利用的影响(例如,核证有机农业和核证林业);将自然栖息地保护作为一类生态投资(例如,用旅游收入补贴保护成本),国家公园的建设运营过程中可为周边居民提供就业岗位。未来,环保产品消费需求的增长将吸引新资本投入生物多样性市场,和生物多样性相关的市场机会也将日渐增多。

2013 年,我国有机食品销售额达到 238.2 亿元。尽管我国有机食品的市场容量很大,但以全国每人每年平均食品消费额计算,有机食品销售额仅占常规食品销售额的 0.1%,与发达国家平均水平 2%相比,相差 20 倍。目前,制约有机食品消费的关键在价格。相对于常规产品,有机产品的生产成本高、产量低,价格自然要高一些。由于对有机食品保健和环境保护效应教育宣传不到位、有机食品市场缺乏规范化管理,因此有机产品市场空间还显著受限。单从价格因素分析,目前国外有机食品的市场比较成熟,有机食品价格一般比常规食品偏高 30%;而我国有机食品市场还不成熟,有机食品价格为常规食品的 3—5 倍,有的甚至达到 10 倍,导致普通大众对有机食品难以接受。

采取负责任的经营方式可以避免负面公众影响,经营者应该广泛联系非政府组织,参与环保标准的确定、为生态友好产品创建新的标识。通过关注社会领域,同慈善机构合作,将商业机会同社会事务相联系,可以有效推动自身的业务发展。倾听相关方的意见是另外一种发现市场需求的办法,机构投资者,例如年金、保险公司、共同基金,都关注于投资行为的环境效应,关注于生物多样性保护,从生物多样性保护方案中发现市场需求。投资者和公共基金管理人可联合起来,为实践可持续发展生产活动的企业提供资金。例如,在拉丁美洲和欧洲存在不少投资基金以有机农业、可持续林业和生态旅游为目标业务,这些资金大量用于有机农产品企业和天然食品加工公司。在美国,投资于天然食品超市以及有机食品生产和运输的企业都在增加,一些大企业也更愿意收购小的有机食品公司。除生产端之外,消费需求的带动也不容忽视。例如,欧洲国家超市更倾向于销售有机食品,拉丁美洲和非洲国家的生产者为满足出口,甚至国内市场也转向生产有机产品,这些投资都是对生物多样性及可持续利用的支持。

尽管仍然存在阻碍生态市场发展的因素，但是更多事实证明了该市场的发展潜力，尤其是对于依赖环境质量的高端消费行业来说，生态保护具有内在的商业价值。例如，一些大房地产企业为维护自身的经济利益，致力于消灭外来物种，保护海龟孵化地，修复珊瑚，保护红树林和其他生物。另外，一些酒店经营者也积极进行生物多样性投资，对单个企业来说，生态降级的机会成本对他们来说是很高的，投资于生态建设将提高酒店业企业的竞争优势。在一些发达国家，企业被强制征收占销售收入一定比例的社会责任税，这一部分税收基金一般用于生物多样性保护。

2. 投资运作方式

第一种是国际风险资本。第一代以生物多样性为目标的商业基金数额为 8000 万美元，基金主要为环境融资（环保企业援助金），基金的总部设立在哥斯达黎加，大部分投向中美洲。基金的发起者是国际金融公司和全球环境基金机构，包括比利时的土地基金（大约 2000 万美元），全球 IFC 中小企业融资项目（2000 万美元，投向生物多样性和气候变化），泛美开发银行的生态企业基金（1000 万美元，主要投资于中美洲）等。基金主要投向非 OECD 国家，投向生态多样性相关的企业，资金主要来源于私人部门、基金会和双多边社会组织。基金的投资目标主要是天然食品和附带的技术创新、可再生能源、高效交通等。在瑞典，可持续发展协会试图创建私募股权基金，并投资于欧洲和北美一些企业。斯坎达纳维亚投资公司和伦敦的巴林银行计划成立可持续发展投资集团，主要投向欧洲。另外一类是机构投资。机构绿色风险投资资金还相对有限，欧洲和北美一些银行，保险公司和基金管理公司都以绿色和社会责任为导向进行投资，但是大部分是面向证券市场（以股票债券的形式进行交易），少部分以直接投资或私募股权基金的形式投资于小企业。随着林业资质证明需求的增加、广泛接受的核查标准的形成，可持续林业发展领域吸引了更多机构投资者，例如，欧美的机构投资者陆续投资于比利时、哥斯达黎加、智利等国的可持续林业生产。

推进生物多样性市场的方法有很多,例如明确产权、制定市场维护政策、应用新技术、支持科技研发、激励经济落后区域和培育小企业,这些办法可用于生物多样性和可持续发展相关产业。但是需要政府提供的支撑条件是:提高信息和市场的可达性,在资源产地进行更高技术含量和附加值的生产,改善基础设施,提高法律和账目的透明度。并且,需要注意不恰当的补贴和税收办法会对生态产业的发展起负作用,最好在市场正常竞争的范围内,对部分初成长期的环保产业实施扶持。在保护生态的同时,行业或企业的可持续发展也是不容忽视的,对于这些企业来说,技术和管理创新是持续盈利的必要条件。并且,生态产业也不是越小、对环境的影响越少越好,如果生态旅游业的规模过小吸引不到足够的游客,同大旅游社团的联系就会较少,因此就可能经常处于不盈利状态,对整个生态产业的作用也是不显著的。生态有机核证标准的优点是接受度广、能够刺激生物多样性市场的快速增长,因此越来越多的投资基金、年金和多边机构把生物多样性核证作为投资决策的先决条件。但是,消费者困惑于当前多重生态标准和标识,应该建立更加精确和统一的可持续发展标准。目前主要存在的核证标准如下。

有机农产品核证:可持续发展农业标准已经建立超过20年,成为最广泛接受的生态友好农产品指标。当前国外农业有机产品的认证机构主要有:欧盟国际生态认证中心(ECOCERT)、新西兰有机协会(VERY-TRUST)、国际有机作物改良协会(OCIA)、德国天然有机认证(BDIH)。国内有机产品的认证需要获得中国国家认证认可监督管理委员会(简称国家认监委,英文缩写CNCA)的批准,认监委在各地设置有分中心,负责有机产品申请的报送,例如北京中合金诺认证中心(COIC)、上海质量体系审核中心(SAC)、广东中鉴认证有限责任公司(GZCC),然后由总中心对产品进行检验和发放核证。可持续农业的认证的意义在于:降低环境影响,最小化或不使用化学品投入,推动有机肥料,谷物轮作,病虫害综合治理,废弃物回收利用,实现更为有效和集约化生产。对于一些有机产品来说,生态化生产实施困难、成本高,因此需要以各类强制性标签作为保障。例如咖啡就存在有机、可持续、公平贸易、鸟类保护等标签。

有机林业标准:世界上各类有机标准构成不同的认证体系,例如森林管理委员会(FSC)、国际热带木材组织(ITTO)、国际标准化组织(ISO),无论是行业还是政府组织推动的各有不同的优缺点。这些标识的认可在一定程度上具有市场强制性,FSC 是由非政府组织、行业协会、企业组成的独立第三方组织,其标准广泛覆盖了原生和次生林场,不仅关系到林业管理认证,还延伸到消费市场的木制品因此被许多非政府组织推崇,在市场环境下,一些行业龙头企业采取该标准而使其接受度更高。国际热带木材组织(ITTO)是以促进热带森林保护、热带木材可持续生产和贸易为宗旨的政府间国际组织。成员国既包括美国、欧盟国家、日本等以消费热带木材及木制品为主的发达国家,也包括以提供热带木材为主的马来西亚、印尼、巴西、喀麦隆。总共包括 69 个成员国,中国由于进口热带木材的数量较多也成为重要的成员国之一。ISO 当前包括 117 个国家和地区,负责目前绝大部分领域(军工、石油、船舶等垄断行业)的标准化活动,林业的可持续标准建设也是其中的一个方向。

生态旅游:当前大部分旅游业的不管是否具有生物多样性保护的意义,通常都被认为是生态旅游,然而只是在风景点建造旅馆并不形成生态旅游。缺乏实际内容和广泛接受的标准是生态旅游行业最主要的问题,如果不能有效区分可持续运营和低质量模仿,该行业将面临信任危机。教育消费者识别生态旅游和景观旅游的差别也是未来的一项任务。

生物基因探测:过去在自然生物资源探测过程中,消费国的收益高于资源原生国,因此很多发展中国家当前禁止物种资源的出口。但是也有一些国家通过设定诸如许可费、版权、地方增值分配和其他利益共享的法律机制,许可探测和出口生物资源。例如哥斯达黎加国家生物资源研究所就同 Merck 等跨国企业达成生物资源合作协议,加蓬成立独立的基金组织以协调地方研究机构、跨国公司和社会团体之间的利益,比利时已经起草法律许可的国家生物资源商业化应用。

碳信用:在生物多样性保护过程中,国际非政府组织通常将其同金融机构联系在一起，目的不只是获取投资和实现最优实践方案，也为了开拓金融投资增值的新途径。例如，2011 年，非政府野生动植物保护组织 FFI 和澳大利亚麦格里银行之间建立合作，保护 6 个面临退化风险的森林。麦格里银行提供资本和金融服务，确保项目符合碳排放标准，并且银行向全世界出售碳信用，销售收入是项目的主要资金来源。在合作框架内形成新的生态碳公司，由此，生态碳在三类投资者之间背书转让：麦格里银行、国际金融公司及私募基金、全球森林伙伴有限公司。简言之，麦格里银行向林业保护经营公司投资支持减排，然后将碳信用出售给各国际金融机构。

就具体运营方式来说，生物多样性保护市场化运作可以分为公私合作模式和企业运营模式。首先，公私合作模式是政府和私人部门合作通过市场化的方式推动生物多样性保护。由于政府的参与可以降低生物多样性项目的投资风险，小额的政府资金就可以撬动大量的民间资本，因此政府参与可以加快生物保护及资源利用的进程。由政府作为支撑机构，公私合作的模式有助于建立能够保护公众、股东和个人利益的游戏规则。同政府合作要求过程中，政府要求私人部门在项目一开始就进行生物多样性投资，因此公私合作的生物多样性保护项目能够在既定的方向上持续运营，实现小机构、大市场的影响放大效应。当前存在如下公私合作推动生物多样性保护的案例。

公私合作项目：比利时政府和民间部门合作，共同开发利用亚马逊地区生物多样性基因资源。项目由比利时政府组织发起并监管，另外亚马逊生物多样性永久基金也属于该项目资金来源的一部分。

以股权基金的形式推动公私部门国际合作：借助银行信用证和借款保函的形式，多边政府机构吸纳私有资本。相应地，公共资金可以用在技术援助和商业准备活动中，以达到降低风险或分担成本的目的。由国际金融公司和全球环境基金发起的土地基金和中小企业融资项目都是这类合作的例子，另外，在拉丁美洲和菲律宾也存在类似案例。

区域内或国家公园周边的旅游特许经营权和住宿权：这些权利以收

入共享或生态保护效益作为交换条件。生物多样性土地使用规划可以由政府、地方社会和私人部门合作制定,从而为发展合格的生态旅游创造条件;避免生态资源的过度开发,将旅游、娱乐和生态保护相结合的企业能够创建真正的生态廊道。

第二类市场化生物多样性保护方案是公司投资运营模式。在这种模式下,企业是唯一的运作经营者。例如南美 BA 公司主要从事碳资产和生物多样性评估,从自然资源保护中产生的价值中获利,这个公司目前在保护亚马逊河口 1000 公顷的湿地,面积是曼哈顿的 11 倍。BA 从私有林再造和林业保护中获取利益,与此同时,也致力于开展能够增加当地居民收入的工程项目。该公司为了使项目顺利进行,也在寻找相关战略投资者和合作者。公司将取得多赢作为目标,具体目标如:(1)获得良好的生态效益;(2)取得生态资源开发新进展;(3)获取商业利益。但是要想取得多赢局面也存在突出的困难,需要顺利完成方案制定、实施、监管、核证以及社会参与、土地租用等多方面任务。需要对项目的社会关系有深入研究和了解,项目的市场价值来源于多个林业投资者之间的合作,这些合作者一些从事传统领域,另外一些涉及新兴的环境服务市场(例如碳排放交易、流域保护和生物多样性保护)。BA 公司存在 5 个主要的收入来源:

(1)森林修复可以从碳市场和环境规则中得到补偿,项目发起者估计森林再造的成本是 800 万—1200 万美元,内部收益率为 15%—20%;

(2)出于减排目的森林防护的资本支出为 1000 万美元,内部收益率为 30%;

(3)为获取木材进行的森林再造支出为 600 万—900 万美元,内部收益率为 20%—25%;

(4)流域保护的资本支出为 500 万美元,内部收益率 40%;

(5)野生动物保护的支出为 500 万美元,内部收益率 40%,其中的收益来源于公共基金和环境补偿规则。

有了这些固定收益,BA 公司项目发起者可以从生态投资中获益,取得保护绩效,同时给当地居民带来生计。另有投资项目由“树冠资本”组织发起，这是一家英国非政府组织树冠项目的分支机构。树冠资本的20%属于全球树冠项目组，80%属于民间投资。2008 年树冠组织购买了圭亚那森林 5 年的生态服务测量和评估的权利。作为交换，树冠资本组织必须每年支付给管理保护者一定的资本。树冠资本通过各种途径筹资支付给森林保护者，例如发行森林担保债券，债券依靠出售生态服务所得偿还。

到 2012 年，树冠资本为圭亚那森林的生态服务权支付了 5 亿英镑，但是出售债券还存在一定困难，同年，圭亚那新闻报宣布项目失败，该国森林将不再得到英国投行的资助。项目失败的原因在于：该国政府和社会参与者之间没有达成完善的森林生态服务权控制和转让协议，外加没有形成外部碳市场。圭亚那的例子表明，生物多样性保护的市场化项目可能遭遇一些挑战，例如，如何同正在使用土地的当地居民协调，这些人的利益可能在生态保护项目中受损。与此同时，一国政府也需要制定出有利于更多投资者的法律和政策，使他们能够进入生物多样性市场。

3. 市场化保护机制的实践案例

（1）美国物种银行

遵照物种保护的任何损失必须被补偿的规则要求，美国生物多样性抵消政策于 1973 年出台，明确了应受到法律保护的物种名单。依据该条例，在土地开发过程中对濒危保护名单里的物种来说，持续存在优先于经济所得，并可以此否定规划许可。该条例实施之后，地方规划和开发者发现：生物多样性保护和经济开发之间的平衡更加倾向于前者。但是限制开发也会无意间造成对物种保护的负面影响。由于存在开发限制，出现濒危物种的地方会形成潜在的经济损失。结果是，一旦区域内出现濒危物种，土地所有者和开发商都极力想消灭这个物种。① 因此仍需要形成允许开发的政策机制，同时要求开发商承诺濒危物种的总体存量不会受

---

① 参见 Carroll N.，Fox J.，Bayoneds R.，“Conservation & Biodiversity Banking，a Guide to Setting up and Running Biodiversity Credit Trading Systems”，*Current Books on Gardening & Botany*，2009，Vol.11，No.6，pp.3-6。

到影响，从而出现了补偿性质的生物多样性损失保护机制：即在一对一的案例中实现生物多样性保护，开发者通过支付款项弥补生物多样性损失。物种银行创建生物多样性保护信用体系，开发者可以支付款项，并从中取得预先性生物多样性抵消核证。实际上，在20世纪七八十年代的美国，一次性抵消和支付已经成为生物多样性保护政策的核心内容，但是这样的机制还不能完全被看作是市场化的生物多样性抵消。因为一次性抵消通常由开发者自己完成，没有出售对象和商品也就不存在交换机制。直接支付资金给第三方，例如公共部门或非政府组织，一些情况下补偿款支付也可能在生态影响出现后发生。①

物种银行作为生物多样性补偿的典型案例出现在20世纪90年代中期，并且按照经济原则运行。首先，项目基于潜在的经济交易：物种银行是一个可以进行栖息地或物种保护权出售、购买或交易的免费市场，用信用货币表示价格。其次，交易市场可以使土地所有者将土地产生的非市场化产品资本化。在这个过程中，银行信用实际上是一种经济回报，报酬由资源代理人（银行）发放给承诺长期保护和管理生物栖息地的土地所有人。最后，物种银行中存在需求变动关系，价格决定于购买者补偿金支付意愿：由于保护银行具有自愿性质，存在价格的上限，

购买者不愿意支出的资金超出他们自己实施消减行为所付出成本。物种银行的例子说明了生态保护中经济机制的重要性，借此形成了使用经济语言和模式解决生物多样性损失问题的机制，但是在实践应用中，政策在塑造市场过程中的重要性也是不容忽视的。

物种银行的生物多样性抵消运作过程中包括“信用”的商业化交易。如果项目开发会导致濒危物种的损失，按照抵消办法要求，开发商需要提供适当的补偿，即从物种银行购买一定数量的信用。但是确定损失和补偿额度是一个困难的过程，为了降低在评估过程中存在的复杂和不确定

---

① 参见 Ferreira C.，Ferreira J.，“Political Markets? Politics and Economics in the Emergence of Markets for Biodiversity Offsets”，*Review of Social Economy*，2018，No.3，pp.1-17。

性,物种银行项目的参与者通常用代理货币——“土地面积”的办法计量损失和抵消额度。[①] 在这种情况下,生物多样性损失用既定物种的栖息地面积的减少来衡量,当开发者从物种银行获取同类栖息地相同面积的信用额度时,生态损失就被抵消了。将土地面积作为生物多样性信用的代理变量具有简化计算过程的优点,但是这种简单的等价方法遭到越来越多的质疑,因为栖息地的价值还受到生物种类、保护难易程度等的影响。美国鱼类和野生动物局提出了替代计量方法,需要添加的因素包括:栖息地质量、栖息地数量、物种覆盖度、保护利益、地理属性和资源配置、资源的预期价值,但是由于方法复杂度的增加和新变量的加入,度量成本和误差也会相应增加。尽管存在上述缺点,消减银行还是不断要求生成更加复杂的测量方法和资格认证,对更多的消减活动提出更加严格的标准,以此作为对抵消项目非市场竞争特性的补偿。

该行业在非市场竞争中建立了市场机制,而其他地方更加宽松的补偿行为就成为市场外部性的表现,也制约着生物多样性市场化保护机制的公平运转。并且,创建更加严格标准的原因在于要营造公平的竞争环境,为市场参与者提供公平的机会和实现社会福利最大化。实际上,物种银行使用经济手段为非竞争性物品报价,是出于政策管理者而非市场购买者的目的,物种银行的商品是由政策指定的,由此形成了执行经济。执行经济中商品或服务价格的并非完全由市场供需决定,即当前执行经济还没有完全将政策转变为市场机制,政府在交易过程中承担参与和维护的两重任务,由于规则和主体职能的限制,缺乏相应的中介代理机构,因此市场交易也局限在既定政策范围内。当前,类似税收、罚款等非市场形式的补偿仍旧存在,数量和份额远高于物种银行。

(2)英国生物多样性抵消项目

英国生物多样性抵消项目在2012—2014年实施。生物多样性损失

① 参见Fox J.,Nino-Murcia A.,“Status of Species Conservation Banking in the United States”,*Conservation Biology*,2005,Vol.19,No.4,p.996。

补偿涉及城镇规划所包括的106个行业，开发者和地方政府相互协商制定补偿水平，但是这种逐项协商的办法也因为不能形成恰当统一的保护标准而受到批评。批评的焦点在于：作为非市场型的商品，生物多样性价值被低估，被低价补偿和过度开发。尽管存在固有的缺点，2010年英国大选之后，生物多样性抵消获得政策上的支持，保守党将抵消项目纳入竞选宣言中。随后环境、食品和农业事务部（DEFRA）宣布实施6项生物多样性抵消项目，并且解释了生物多样性抵消的相对优势：市场被认为是唯一的可以实现生物多样性零净损失的机制，能够通过经济方案解决生物多样性损失问题。环境、食品和农业事务部建议：将栖息地类型和保护水平作为生物多样性保护重要的参数，需要在生物多样性抵消项目文件中对它们进行相对精确的界定，从而量化项目开发的生物多样性影响以及补偿行为的价值。同时，衡量尺度应该能够在地点和生境之间进行转化，使对一类栖息地的影响能够在考虑质量和数量水平后，在其他多种栖息地被抵消掉。

但是很快项目也出现了障碍：项目作为政策规划一部分，由于规划决定时间过长，不确定的结果将会阻碍开发活动正常进行。与此同时，由于技术条件的限制，生物多样性影响也可能没有被充分考虑到，消减或补偿的方式难以产生长期的生态保护效应。但是总体上，选择生物多样性抵消作为生态市场工具更有可能实现经济增长的目标，抵消也不完全禁止土地商业开发活动，目的是在促进经济增长的同时能够给生态保护一定的补偿。除了推进生态保护，生物多样性抵消也起到了政策功效，成为重构政治体系的载体，将经济架构建立在政治目标之上，在选择交换商品的种类时就显得更为清晰，抵消实施过程中政策目标对物种的选择具有显著影响，也可以对关键领域实现更好的生态保护效应。项目不只是包括具体的自然资源（例如濒危物种），在物种银行案例中，项目也设计为栖息地面积损失提供补偿，这就意味着项目更加具有普遍性和可比性，在不同的地区和生态背景下可以复制和交换资源。

生物多样性是一个复杂的概念，从微观细胞到生态系统，经常还包含个人或群体赋予的社会文化内涵,这就使生物多样性成为“非合作商品”,给项目的核算部门带来计量困难,其中显著的困难是缺乏一致性的工具衡量栖息地价值。因此需要克服使生物多样性成为标准、可衡量的商品过程中的一系列问题,推进生物多样性市场化保护机制的建立和运转。例如,英国环境、食品和农业部生物多元化尺度的建立降低了生物多样性价值的不确定性。通过这种商业化的技术,生物多样性成为可交换的商品和服务。标准的衡量尺度和对“信用”和“债务”固定的定义是降低生物多样性净损失的根本,通过标准的生物多样性价值的衡量,一个地方的生物多样性损失能够被其他地方的保护行为抵消掉。

在生物多样性商业化过程中,存在扩展市场范围和使用更加复杂的计量工具之间的矛盾,如果要实现对不同的生物多样性价值详细的衡量,就需要创建更加灵活和深入的市场标准。但是精确地划分也可能导致开发和抵消区域对照和交换的困难,这种对照和交换性是当前生物多样性市场运转的核心内容,也是实现零净损失的前提。英国生物多样性抵消项目在 2014 年全部完成,抵消是逐一开展的,目前还不存在英国国家范围内统一的生物多样性抵消市场。生物多样性抵消的实现需要更加精细的制度安排,环境、食品和农业部的报告表明生物多样性抵消的确存在可观的利益,但是开发商并不愿意在抵消项目中付出额外的成本,因此对生物多样性保护合理定价成为交易的关键问题。总之,在生物多样性抵消项目中,经济机制被用来平衡保护和开发之间的关系,问题集中于如何创建可量化的机制和可交换的市场;在这个过程中,政策作为调节工具明确了有效商品的构成,也推动市场参与者开发复杂和适用的计量工具。

以上介绍了生物多样性市场的两个案例——美国的物种银行和英国的生物多样性抵消项目,两者都在政策的基础上,通过市场化的交易方案实现生物多样性补偿。相对来说美国的案例更偏向于市场化,有实体经营机构——物种银行,有价值衡量标准——生态土地面积;英国的案例主要在环境、食品和农业部的推动下进行,可抵消的项目数量有限,在政策规定下选择可交换商品的种类,因此生物多样性抵消中政策的作用更为显著。但是总体来说，由于存在计量方法单一、政策规划和项目开发时间不一致、监管缺失等问题，即便是在市场化程度较高的美国，通过物种银行进行生物多样性保护交易的案例也只占到整体补偿的一小部分，生物多样性价值仍存在普遍被低估或忽视的现象。市场包含政策和经济两个方面，但是二者之间的关系相当复杂，参与者有意愿推动实现带有政策强制性的市场化保护模型。在这种情况下，政策不会直接创造市场却真实影响到市场的运作，政策的权限和实施方案需要进一步明晰，以便为市场提供良好的环境和发展空间。

濒危物种的市场化保护机制和各类栖息地的损失补偿存在不同，特别是在统计机构的计量方法方面，栖息地损失的补偿相对来说更容易比较和替代。但是尽管存在不同，这两个市场遵循同样的模式和理念，即属于受政策调节的市场化执行经济。生物多样性保护市场是经济运行的结果，同时受到政策的调节，就形成了与传统市场完全不同的概念。在生物多样性市场中，政策和经济不能被看作是相互独立的，既存在市场交换机制，也包含着伦理和道德的考量，同时又添加了政策维度的作用。政策和经济在执行过程中同时存在，在这个过程中，市场的实际产出并不是原本所定义的，产出具有经济价值和环境保护两层含义，政策执行者通过对市场运行过程的调控来实现他们预期的目标。

4. 生物多样性市场交易中存在的障碍及应对措施

尽管生物多样性市场机制的参与者持有乐观的态度，但是他们对于这种新的生态经济形式的期望：将复杂的生态系统和生物多样性资源转化为可以度量的价值还是十分困难的。很多项目只是停滞或部分实现了目标，虽然项目成功地建立了机构设施，并且在大的国际金融组织和环保非政府机构之间建立了新型伙伴关系，但是同样也存在生物多样性保护经济价值实现方面的问题。这些问题包括：缺乏共同语言和统一的度量方法，科学数据不足，资金和政策支持力度不够。因此，生物多样性保护市场的发展是不稳定和部分停滞的，未来将依赖于大量的投入和外部网络的开发。

(1)生物多样性价值确定困难

当前生物多样性市场已经建立起来了,但是不像碳市场一样,具有成熟的价格机制。在碳市场中,六种温室气体都被等价为二氧化碳,因此碳产品更容易度量、交易和市场化。但是在生物多样性市场中不只存在一种度量方法,还没有统一的生物多样性市场。[①] 对于生物多样性市场来说,商品的价值就在于多样性。但是由此也造成了生物多样性市场中缺乏一致性,没有共同使用的指标来测量生物多样性的变化,部门、国家、区域之间缺乏量化对照途径,因此很难取得广泛进展。当前,生物多样性可以通过 11 种不同的方式衡量,包括物种丰富性、栖息地面积、自然保护区范围、自然栖息地结构、物种间差异、和生态服务水平等,将这些度量标准统一起来还存在一定困难。

和生物多样性市场相关的多重价值,例如基因价值、文化价值和生态服务对农村居民的使用价值,需要对它们进行简化整合,如编制成指标的形式应用于管理实践。加利福尼亚的管理者对生态服务功能进行了等级分类。例如对于物种来说,稀有和高价值物种的保护可以得到两倍或更高的信用。但是对于鱼类和野生动植物来说这个方法还是太复杂,又得回归为土地英亩数。在碳市场中,两个地方的碳汇或碳减排具有相同的价值,但是在生物多样性市场里,一公顷温带雨林的保护不能等同于相同面积的热带雨林。因此生物多样性市场地域范围不能全球无限扩张,更多存在的是地方、州或国家市场。生物多样性市场的区域特征限制其扩展和增长,使其难以成为全球统一的生物多样性资本。但是小范围市场交易同样存在问题,例如交易成本太高而吸引不到资本。实际上"花在小项目上的时间和金钱和大项目一样多",困扰投资者的是如何将这些小项目整合起来证券化并取得投资回报。

在实践中,经济价值数据比生态数据更为缺乏,生态评估中很少涉及

---

① 参见 Ferreira C.,"The Contested Instruments of a New Governance Regime: Accounting for Nature and Building Markets for Biodiversity Offsets",*Accounting, Auditing & Accountability Journal*,2017,Vol.30,No.7,pp.1568-1590。

基本经济价值的问题。有必要量化评估生物多样性对经济增长的贡献，以及生物多样性损失带来的经济成本。需要弄清楚生物多样性的经济价值，并以之说服政策制定者改变态度，从而带动实际生态资本流动。对于市场上大部分参与者来说，如果没有异质性的价格，没有差异性的责任成本，也就没有办法进行交易。如果生物多样性市场中不能区分不同保护行为的成本或是价格，市场的运转就存在问题。需要加强对生态经济信息和测量方法的研究，从而有效分配生物多样性保护资源。

（2）信息障碍

生物多样性数据较为复杂，企业和金融部门很难获得他们经营决策需要的准确信息。主要原因是当前缺乏创建综合生物多样性评估方案的组织，给企业提供实时的生物多样性数据。因此，必须给生物多样性市场提供足够的信息基础设施，使其能够获得相应的管理信息，包括生态技术信息、市场信息，以及将这两种信息融合在一起的方法。例如，森林可以提供何种生态服务、服务的经济价如何值，以及这类价值如何在长期内得到体现。另外，生态服务核证或债券的交易和定价，销售法律合同的签订，新市场的创建都需要技术支持、信息和基础设施建设。当前提供类似信息的组织还相对简单，这些组织完成"环境登记服务"，记载生态资源买卖双方信息。对自愿性碳标准（VCS）交易进行生命周期管理，即从发起到分配到注销全程登记服务，相对缺乏对生物多样性资源分布和价值变动的分析机构，以及生物多样性保护信息的共享机制。

正确的信息提供对生态市场是非常重要的，信息将增强市场的可信度和透明度，防止二次出售的现象发生。例如，土地登记反映了房地产市场的交易情况，需要管理这些信息并传递给生物多样性保护市场。作为市场信息的提供者可以得到丰厚的回报，2009 年，金融服务公司支付给该类组织超过 3700 万美元的资金。另外还有一些非营利性组织如"生态市场"组织参与了该项业务。这些组织是市场交易和生态服务支付方式的在线信息源。他们自称为"新兴生态市场的彭博社"，这些组织已经建成在线网站，发布生物多样性市场相关的抵消、补偿、融资信息等。另外，具有高生物多样性保护价值的区域并不一定能够提供高水平的生态服务高供给,相关信息都需要收集和对比以采取更合适的市场化保护方案。

(3)缺乏对生物多样性商业价值的认识

在融资和生态保护之间仍然存在语言和理解上的困难。新兴生物多样性市场存在的主要障碍是,难以让公众相信该市场的存在并有巨大发展潜力。有必要进行普及教育,让人们了解生物多样性市场是如何分类的。但是,市场发展的一大障碍就在于多学科知识融合,一个美国的生态保护银行的理事用公式解释为:科学+法律+经济=障碍。存在术语的使用困难,特别是银行指的是减排和保护银行,这在资本社会很容易混淆。投资者对生态服务的含义也并不清楚,应当将生态服务划分为收入和成本,例如水资源和碳排放都是潜在的收入来源。换句话说,生物多样性服务在进行财务分析之前,必须能够被转换为类似收入流的形式。这个转换说明了语言码在描述和最终形成创新型金融产品中的重要作用,它可以使生态服务市场被接受和广泛传播。因此,生态服务远离银行家和财务分析者的语言和认知是重要的障碍。生态服务的术语对于生态学家来说很容易理解,但是当前对于银行家来说这个术语还不具备金融含义,需要借助产权划分和资产估值将生态价值转化为更加实用和商品化的形式。

(4)缺乏实践经验和透明度

生物多样性市场上存在显著的数据缺失,包括销售、收入、成本甚至生态信用的价格等。还没有统一可参考的历史记录,就像房地产价格信息经常变动一样,通常生态信用的售出期是不确定的,缺乏可参照的历史信息意味着大多数银行不愿对新经营者借贷;贷款者不了解消减银行的经营程序,借贷过程中缺乏有效的信用或抵押工具,一些时候需要将保护地的土地权证作为信用抵押给银行,但是银行经常会低估这些资产的价值。这种信息缺失部分来源于市场缺乏透明度,行业内部缺乏对关键数据信息的共享。为获取机构投资,必须有历史数据判断项目的绩效,否则就没办法对照这类资产和其他类型之间的差距,以及资产未来的收益预期,这也是投资者在竞争市场中经常遇到的问题。总之,生物多样性市场还存在很多未知经验和信息,不能判断是否可以取得高额回报或者是否存在风险,生物多样性融资因此也会被归入高风险类而被拒绝。需要用证据表明生物多样性投资是低风险的,并且存在固定回报。在实际应用过程中,湿地银行也面临这样的问题:机构投资者并不了解生物多样性市场,有些甚至被解释为房地产的衍生市场,因此需要使这个市场更大众化和有替代性,使更多的机构投资者能够关注并且接受该市场的产品。

(5)缺乏法律政策支持

形成稳定的生物多样性和生态系统融资需要有效的政策法律环境。正像纽约一位生态企业的管理者解释的,市场参与者随着政策环境而生死,在生物多样性市场中,存在巨大的投资风险。政府决定资金的流向,但是政府的观念也会发生变化,这是金融管理者所面临的政策风险,如果不完善同排放消减和抵消相关的法律和政策,生态市场也就不存在。因此,不完善的制度环境是生物多样性市场遇到的突出障碍。现在还缺乏容许参与者交易生物多样性产品和服务,并且创造价值的有效政策环境。当前生物多样性市场的法规框架在实践层面存在缺失,需要准确定位和改变市场规则,驱动资本市场和商业模式的顺利运作。由于生物多样性保护具有较强的地域和专门性,不能期待政策的自我完善,必须发掘市场新机会、制定保护产权和交易秩序的法律规则,使市场机会聚集成为可以保护生物多样性的资本。

六、金融领域的生物多样性保护方案

(一) 金融业生物多样性管理的意义和概况

1. 规则和案例分析

生物多样性保护除了需要大量的资金投入外,政策领域的支撑也必不可少,当前能够通过规章制度对生物多样性保护施加影响的有国际组织、各国政府和金融机构。国际组织和各国政府更多是通过法律政策禁止破坏生物多样性的活动,或对此类行为制定惩罚措施。实际上,能够直接作用于企业生产活动,引导激励其朝绿色环保方向发展的是金融机构。金融机构制定和生物多样性风险相关的借贷政策,影响企业或项目的实践运营,建立生物多样性保护的有效政策防线。银行考虑生物多样性首要的商业动力是信誉风险。越来越多银行借贷由于忽视生物多样性而遭受经济和声誉损失,虽然一部分银行负责人认为没有必要深入研究生物多样性和其他环境风险,但他们也承认:从环境风险专家和行业内部寻求专业意见将会面临较高的交易成本。实际上,银行并不是在孤立的条件或特定政策下处理生物多样性问题的,随着生物多样性风险受重视程度的日益提升,一些雇佣生物多样性专家的银行更有能力评估和管理生物多样性风险。

2003 年,在非政府部门的倡导下,金融业开发出了赤道原则(EP)。赤道原则为处理项目融资中的环境和社会问题提出了自愿性框架:赤道原则金融协会今后将遵循既定原则,使融资项目以负责任和反映科学环境管理实践的方式进行。在该原则下,和项目相关的生态和社会负面影响将会尽可能被消除,如果影响是不可避免的,就必须进行消减或适当予以补偿。当前多个金融机构采用赤道原则,在项目融资过程中成为管理环境和社会风险的全球标杆。2009 年,超过 310 亿美元是遵循赤道原则进行项目融资的。越来越多的银行涉足存在可持续风险的敏感行业,更加关注潜在的生物多样性风险,遵循赤道原则的银行也在考虑的问题是,是否需要将该原则延伸至其他和生物多样性非直接相关的借贷行为,争取创造更多机会使用消减和抵消方案。

按照赤道原则,项目根据环境和社会影响被分为 ABC 三类:

A 类:项目具有潜在显著的逆向社会和环境影响(多种类、不可逆或前所未有的);

B 类:项目具有潜在有限的逆向社会和环境影响(种类较少,具有地域特征,可以修复并易于用消减等方法解决);

C 类:项目仅有很小或不存在社会和环境影响。

依据赤道原则,A 类和 B 类项目必须具有适当的环境影响评价和行动规划。对生物多样性有显著影响的项目,生物多样性行动规划必须出现在整体项目规划中。项目每年都需要被独立审计,确保贷款在整个生命周期内都遵守行动规划原则,遵守行动规划是借贷合同的一部分,违反就可能导致下一期借贷失败,由此,银行通过强制力确保融资项目符合行动规划要求。总体来说,赤道原则提升了银行对生物多样性的重视程度,并且推动了风险防范的实践。赤道原则使从业者认识到他们有义务考虑生物多样性风险,特别是赤道原则 PS6 标准明确了具体政策,已经成为银行进行客户和交易评估的重要参考。

在具体实践中,银行间存在对生物多样性的理解差异,例如就商业银行和开发银行而言、采取赤道原则和没有采取赤道原则的银行之间具有显著不同,其中开发银行和采取赤道原则的银行对生物多样性风险有更深刻的理解。开发银行通常具备更强烈的生物多样性风险管理意识,他们在资金提供中更加重视社会和环境风险方面的评估,具有高度责任感的政府资金也很关注生物多样性问题。具体来说,花旗集团在对珊瑚礁生长潜在影响进行环境评价后,实施了相应的消减等级方案。其中,一是避免:在方案设计阶段,依据对珊瑚礁调查的基本结果应用替代借贷方案,从而致使几个工程项目改变原计划;二是最小化:采取消减方案最小化生物多样性影响,包括过滤泥沙减少浑浊等,并且,制定生物多样性行动规划,包括在 IUCN 独立科学审查小组的监督下进行珊瑚移植等;三是修复/抵消:这类生物多样性管理规划被作为海岸区管理实践的一部分。但是,银行也意识到存在一些实施生物多样性抵消的限制因素:(1)需要具备生物多样性保护净产出;(2)抵消不应当沦为使项目所在地环境降级或遭受污染的借口;(3)由于物种和区域存在生态敏感性,不是所有的抵消都是恰当的,有一些生物多样性影响是不能被抵消的;(4)在一些情况下,抵消并非完全能够由他们控制,例如,在项目融资或银行参与之前生态影响就已经出现了。

与此同时,银行工作人员认为实施生物多样性抵消的关键障碍在于:

(1)融资时间表有可能和银行劝说客户同意和实施抵消方案进程不同;

(2)难以衡量生物多样性抵消的效率和生态保护效应;

(3)潜在的债务风险(担心钱被用错地方并产生债务风险);

(4)成功执行生物多样性抵消所需要的时间和支出难以衡量;

(5)如果项目所在地的生物多样性很脆弱或不可替代,抵消就没办法执行;

(6)生物多样性损失对当地很重要,潜在的社会经济效用不能被抵消;

(7)没有足够的土地来抵消开发项目的生物多样性影响,或抵消区的生态价值很高;

(8)地方人员没有能力实施和管理生物多样性抵消方案;

(9)如果银行坚持客户实施消减或抵消方案,客户可能另找其他银行融资。

银行生态保护途径还包括直接发放和生物多样保护相关的项目贷款。截至2013年,世行的生物多样性保护贷款总额已达40亿美元。世界银行也通过国际复兴开发银行和国际开发协会贷款或信托基金对生物多样性保护工作提供支持。该支持取得的部分成果如下:第一,建立并扩大了保护区系统。在巴西亚马逊地区保护区项目一期工程帮助下,亚马逊河巴西段受到严格保护地区的面积扩大了一倍,从项目启动实施时的1200万公顷,扩大至2008年项目结束时的2500万公顷左右。另有1000万公顷被列为可持续利用区,目的在于保护生物多样性,改善林区传统居民的生计。第二,调动了社区参与联合管理。在巴基斯坦保护区管理项目下,世行投资为部分国家公园建立联合管理委员会。肯尼亚野生动物保护区租让示范项目扩展了国家公园里野生动物的活动范围,从而有助于确保该公园生态建设的长期可持续性。在内罗毕,拥有2.2万公顷左右田地的388户家庭报名参与了本项目。这些家庭在其田地周围不设围栏,为野生动物活动提供空间,为此他们拿到了租金。租金收入的约80%被用于缴纳孩子的学费,其余部分用于医疗和畜牧生产。第三,陆地和海洋景观可持续管理。也门农业生物多样性项目正在推广田间保护当地主要农作物种子,以此提高粮食安全水平。2008—2010年,当地农户从中重点选出了31种经过纯化或改良的农作物种子进行种植,以提高其对气候变化适应力。纳米比亚海岸线长度约为1570公里,其海洋的初级产品生产率排在世界前列。在认识到沿海自然资源对经济发展的作用后,纳米比亚政府于2005年得到了全球环境基金和世行提供的一笔490万美元赠款,用于建立强有力的沿海景观和海洋景观治理平台,制定实施国家沿海地区管理政策。

2. 银行生物多样风险管理的层面分析

金融领域生物多样性风险评估和管理的层面可以分为:资产、客户和投资组合。资产层面意味着针对项目生物多样性风险的管理,这个层面更具有地方特征。客户层面的管理涉及评估由单个银行客户的行为带来的风险,以及他们在管理生物多样性风险中取得的绩效。在投资组合层面,从金融产品、商业团体和行业多层面评估和管理生物多样性风险。但是受银行业务范围的限制,当前大部分银行主要考虑资产层面,资产层面生物多样性评估集中遵循赤道原则。生物多样性风险评估对于银行来说还存在人员和技术障碍,大多数银行是在落实环境和社会政策过程中一并处理潜在的生物多样性风险,主要体现在项目融资评估过程中衡量生物多样性风险,而缺乏专门的生物多样性风险管理政策。对于非融资性交易业务,银行通常被动而非主动对照是否违背了赤道原则。客户层面的风险评估主要集中于高风险行业,除了银行的高风险行业政策,当生态问题被发现,或是对银行的声誉和财务责任形成影响时,也会启动生物多样性评估。为规避生物多样性风险,对于银行的新客户来说,银行会同时审查客户信用和项目情况,也会周期性地审核从事长期业务的客户。

对于跨国经营的客户来说,经营活动业务范围和地理位置相对不确定,使特定区域的生物多样性风险难以测量。因此有必要判定生物多样性风险可能发生的主要位置，并且对客户的能力和绩效进行评估后再实施融资。对于长期合作的客户，生物多样性风险管理以持续对话的形式进行，通常会制定持续性提升方案，而不是当下对某一类风险制定严格的标准。当前很少有银行从投资组合的层面处理生物多样性问题。通常只有在既定的融资方式下，银行可以左右客户对生物多样性风险的管理。以往银行关注于资产层面是因为在这个层面上，生物多样性风险更容易被发现，银行对这些特定的项目更有影响力，更容易参与其中；并且和公司客户层面相比较，银行可以获得更多和具体项目的关联信息。目前，银行在继续研究如何从更广层面评估风险，包括产品和服务维度，如企业借贷、公募发行、债券和出口信贷。

由于不同的金融产品存在不同的杠杆和风险水平，融资业务和客户的类型显著影响着银行政策的执行，最重要的不同在于资产管理和商业借贷之间。一些研究者建议在银行政策实施过程中，将资产管理功能从商业借贷中分离出来，原因在于在资产管理业务中银行的管控能力更强。在商业借贷过程中，如果银行对资金的使用去向不清楚或对资金的使用没有影响力，生物多样性保护政策也难以实施。而生物多样性相关的政策可以被落实到项目中，例如，在资产类文件和合同中添加同生物多样性风险相关的条款。然而，企业借贷中银行对资金的管控和使用信息较为缺乏。如果涉及企业借贷层面，银行有可能担负评估和督促客户解决生物多样性问题的责任，工作人员将面临更高的要求，并且可能过于依赖于外部咨询意见，因此银行客户层面的生物多样性风险管理存在一定难度。

银行通常在消减等级或抵消项目上缺乏技术专家，因而会依赖于外部咨询。由于项目各程序中都包含环境咨询，有必要对其不同的功能和服务进行区分。首先，项目负责人员请技术专家进行环境影响评价，从技术层面提出设计方案消减环境影响，这一过程的主要目的是获取经营许可，银行也会请专家进行相似内容的评价。其次，项目人员和银行部门申请地方化环境咨询可以增进对当地生态、文化和制度的了解，在这个过程中也有必要引入地方代表，以传达咨询结果和消除语言障碍。最后，贷出者会对高风险的交易进行独立的技术咨询,环境影响评价和项目可行性方案受贷款者的委托进行,并在借贷决策制定过程中提供参考评价结果。特别是在非政府组织对项目提出疑义的时候,银行会对具体问题聘请专家评估。

一些银行针对环境管理和社会事务出台了专门性的政策。这些政策有助于银行评估项目风险,检验工作人员在处理生物多样性问题时具备的经验和能力。这有助于增进工作团队对特定行业生物多样性风险的熟悉度,使银行从更加广阔和战略性的角度研究生物多样性和生态系统服务。从产品经济价值的角度考虑,由于进行生物多样性影响评估使生产摆脱了对生态资源的依赖,所以有可能提升产品的价值链构成。银行依据咨询结果制定贷款合同的附加条款,条款可以用于制定和实施生物多样性行动规划,银行也会将满足环境措施要求作为借贷的条件之一。但是由于咨询服务的质量参差不齐,一些银行在设定标准或进行技术适用性评估时倾向于选择咨询报告。并且,选择也是不系统的,很多银行依赖于之前的环境咨询经验,很少有咨询报告既包括技术专家的意见也考虑到地方化的特点。另外在一些情况下,银行会找独立的科研专家或社会组织检验和提升评估标准,制定可行性解决方案。这个时候需要考虑客户的专业化程度,他们对生物多样性问题有不同的理解和认识,因此在设计和应用生物多样性抵消中,外部专家和社会组织可以成为有用的资源。

通常情况下,贷款者对环境影响评价本身没有足够的信任,环评初始报告可能由于存在缺陷需要找其他咨询专家进一步审核。一些银行也遇到环境影响评价低估环境风险或高估消减措施的效果的情况,由于存在不确定性影响和难以划分责任,如果过分相信生物多样性风险可以被充分管理和解决,将会给银行带来业务风险。因此,咨询报告的质量非常重要。有强大内部专家团队的银行会更少依赖于咨询报告,例如一些先进开发银行的内部专家能够进行初始评估,并提出解决方案,但是商业银行很少有生态环境方面的专家。对许多银行来说,内部专家在研究生物多样性问题中能够获得更深刻的知识;相对来说,通过外部环境影响评价获得这些信息可能给银行带来风险和利益损失，这种现象也能激励银行建立有效的内部生物多样性风险管理系统，培训员工以提高其对生物多样性风险的识别能力。

（二）金融领域生物多样性保护中存在的问题

1. 生物多样性保护涉及的金融业务范围窄，专业人员缺乏

除了项目融资，其他的金融和投资产品很少在决策中考虑到生物多样性问题，这也是大多数银行没有专门的生物多样性员工的原因。实际上，银行对生物多样性抵消或消减方案大多缺乏深入认识或直接的项目经验，并且研究表明在推行生物多样性抵消中还存在一些障碍。虽然生物多样性抵消是有效的风险管理工具，设计、应用和监管生物多样性抵消对银行及其客户都具有长期的战略意义，但是同时也存在政策、计量标准和执行风险，在实施生物多样性抵消的时候需要被充分考虑到。当前生物多样性专家并不是银行职员中的核心成员，大多数银行还没有从人员配置上具备识别生物多样性风险的能力，一些参与项目的员工虽然熟悉赤道原则，但对生物多样性风险认识仍有限。因此，银行严重依赖外部专家评估和管理生物多样性风险；并且外部专家的水平参差不齐，增加了风险评估效果的不确定性。聘请外部专家的银行可能缺乏识别选择评估结果的实践经验，专家和银行之间缺乏持续性对话了解，从而难以将环境影响评价结果同融资决策有效联系起来，也致使银行缺乏对咨询意见的辨识力。

在保护生物多样性过程中，自愿性合作的失败实际上也是市场失灵的表现之一，需要创造生物多样性相关的产品来纠正这种失灵。银行在贷款的过程中，应该将和生物多样性和生态保护相关的因素都考虑进去，特别是需要对各地分支银行职员进行信用证处理和批准方面的培训。银行工作人员应该借助信用证审核和贷款项目批准的机会，要求项目申请者改变经营方式，鼓励他们实施更加可持续的生产行为。但是将生态标准融入借贷项目并不是为了拒绝贷款申请，因为存在银行间的业务竞争，

这些借贷者在被拒绝的情况下，很容易从其他银行得到借款。但是对于一些没有综合可持续发展能力的小企业来说，银行不仅是资金的提供者，也需要起到教育和引导的作用。

2. 对生物多样性潜在的商业机会研究较少，标准不统一

以往对于生物多样性潜在的商业机会研究较少，当前亟须分析生物多样性的经济价值。生物多样性的商业机会将延伸至多个生产部门。生态农业、基因资源利用、生态旅游、抵消交易等都是生物多样性商业价值的存在形态，因此生物多样性保护不只是一项特殊的金融行为。从风险管理的角度看，银行以往更善于管理气候和水资源相关的环境风险，并且已经出现在相关借贷业务里，而对于生物多样性风险的管理还存在难度。主要原因在于生物多样性的价值，以及经济活动对生物多样性的影响都是难以量化的。在生物多样性风险管理的商业案例中，信誉是银行经营该项业务的最主要驱动力，对当地居民和濒危物种的潜在影响是生物多样性问题受到外部投资者关注的主要原因，其他显著驱动力是法律规定的消减或补偿的要求，这通常取决于项目所在国的政策规定，以及各种规则决定的消减补偿办法。

当前在生物多样性风险评估过程中，银行着重对保护区的设计和其他具有生态风险的空间区域的认定，尽管这种方法可以识别出一些重要的生态保护区，还存在许多其他生物多样性资源得不到保护，或未被划入范围内的问题，因此银行生物多样性风险管理还具有一定的局限性。并且，生物多样性保护政策大多是从行业角度制定，例如能源和林业资源保护，还相对缺乏从投资组合层面进行战略性的政策制定，以衡量项目的跨行业和跨地域的生物多样性影响。因此，大部分银行还在探索从更具有战略性的层面整合金融行为和环境问题，以提高生物多样性保护的效率。

3. 缺乏生物多样性抵消的实践经验，评估工具和专业人员不足

金融领域抵消方案的应用还处于初级阶段，银行很少实践抵消政策，银行部门在实施抵消政策中也遇到了一些障碍。例如，对抵消政策实施的时间和效果不确定性的担忧，问题主要在于抵消额度的信用和价值缺

乏统一的标准,同时银行也意识到在一些情况下抵消可能不是最好的办法。因为部分银行对环境影响评估结果的认识不清或评估不准确,在项目融资中还缺乏有效的途径来协助评估和化解生物多样风险,这使得银行工作人员难以判断:哪类生物多样性风险同具体的项目有关联,以及采取何种途径化解该风险。因此,应该对银行员工和咨询人员进行融资决策中的生物多样性职责培训,使银行投融资行为和生物多样性保护更加协调一致,以更有利于借贷客户的形式进行。

虽然金融部门生物多样性风险意识在不断增加,但普遍并不认为生物多样性风险能够形成显著的金融风险。虽然银行客户承认生物多样性问题在借贷决策中是重要的参考项,认为由此带来的公司价值和声誉影响是重要驱动力,但是生物多样性考虑反映在实际的借贷决策中还相当有限。通常情况下,银行业务中涉及生物多样性主要源于对信用风险的考虑,银行间对消减等级的理解存在很大差异,大多数银行员工知道或理解这个概念,但是并没有从严格意义上应用该方法。虽然某些银行工作人员对消减等级有较为综合的理解,但是整体上对与生物多样性相关的问题还是缺乏深入的了解。一些银行业务人员认为,存在潜在环境和社会风险的客户及交易都在期初被借贷标准筛选过,银行不必再次进行筛选,相反应该提高环境和社会风险的审核标准。实际上,监测评估方案通常是共同协商的结果,目的是使过程更为简单并且能够反映复杂的生物多样性问题。

对于某些交易或客户来说,银行也会寻找外部环境和社会风险专家提供技术方面的支持,这些结果会进一步被提交给银行信用中心或信用风险执行机构,并形成最终决策。为提高银行生物多样性风险管控能力,关键的问题在于如何让一线工作人员具备处理生物多样性风险业务的能力,同时不给他们施加学习各类环境和社会风险知识的负担。要实现这一目的,银行工作人员需要掌握更多能够识别生物多样性风险的实践工具,并建立内部监管机制,使员工意识到生物多样性风险管理的重要性。各大银行应该定期对员工进行环境和社会风险问题的培训,使他们具备处理生物多样性业务的适当的能力。例如，由银行总部对来自全球多个地区的职工进行借贷环境和社会风险政策业务培训，这些人逐级再对本地工作人员进行业务培训。

4. 缺乏对生物多样性风险的战略考虑，主要关注于对固定程序的影响审核

银行多是依赖于外部环境和行业政策来评估和管理生物多样性风险，银行内部对生物多样性风险战略性的考虑缺陷。普遍认为现有行业环境政策足以处理生物多样性问题，可以识别和管理任何同生物多样性相关的风险。其中的两个例外是摩根大通和花旗银行。摩根大通有针对林业和生物多样性的环境政策及承诺，花旗银行已经建立包括区域物种价值、高价值的林业资源和重要自然栖息地等问题在内的生态环境政策体系，将生物多样性问题融入林业、石油、水资源等高风险行业。禁止对造成重要自然栖息地生态降级或妨碍生态保护的相关项目融资。目前一些先进的商业银行已经开发出同赤道原则相一致的行业政策，这些行业政策将会产生行业特定标准，以处理和供应链相关的生物多样性问题。

银行在适用内部政策和程序的时候，只是针对高生物多样性价值的情况评估生物多样性直接风险，评估限于传统的范围和特定的区域，如自然保护区或濒危物种。物种的生物多样性意义、生态系统的功能、内在的社会经济和文化价值经常被忽略。相对于简单确定一个地区是否可以成为保护区，识别生物多样性保护的社会经济意义是更为复杂的过程。如果大量生物多样性问题发生在自然保护区以外，将是银行面临的显著困难和障碍，需要进一步研究并加以解决。除此之外，简单的筛查程序也会遗漏价值链中隐藏的或非直接的生物多样性风险。例如，如果对加工企业融资，生物多样性风险的分析应该包括对原材料供应商的影响，也就是说应当在恰当的范围内应用消减方案。在具体操作过程中，金融部门通常用固定的方法处理生物多样性问题，银行客户也误认为评估风险是为了证明银行有良好的治理体系，而不是降低生物多样性风险，因此，企业缺乏自发性保护意识，使项目的效果和持续性都产生问题。并且，如果只

是关注于传统、固定的检查清单，如自然保护区或重要生物栖息地，那么将忽视其他显著的生物多样性影响，难以考虑到潜在的生态效应。

（三）金融领域生物多样性保护应采取的措施方案

1. 在银行内部通过员工培训提高生物多样性评估和管理的能力

需要将生物多样性保护的理念从融资项目扩展至全范围的金融服务和产品，例如债券、股权背书和企业贷款，通过培训使银行职员了解：生物多样性保护和生态服务是怎样影响银行长期工作绩效的。首先，对银行职员进行消减等级和生物多样性抵消的实践培训，从产业经营的角度解释如何使用这些方法。增进银行职员对环境影响评价过程的了解，包括如何选择适当的环境影响评价结论，如何分析 EIA 结果，使其同赤道原则 PS6 标准保持一致，并判定其中提示的风险是否同银行的声誉相关，以及降低风险的金融化途径。其次，对保护性政策工具进行解释，分析如何将其融入银行目前的风险管理系统中，从而起到对生物多样性相关的投资风险进行检验、识别和评估的作用。最后，对环境影响评估分析和 PS6 标准的一致性进行培训，研究生物多样性保护是怎样影响投资决策的，如何以投资者接受的方式介绍和推行生物多样性保护方案。定期举办合作交流论坛，共同分享生物多样性风险评估和化解的案例和经验。

2. 开发和生物多样性风险评估相关的金融工具

大多数银行还没有将生物多样性风险从其他环境和社会问题中分离出来。在银行内部，项目融资人员对生物多样性风险有基本的了解，但是柜台人员和借贷风险控制人员却不一定认识到生物多样性风险，银行需要确保生物多样性问题被融入内部评估框架。为推动生物多样性资源保护和交易的顺利进行，需要开发适当地可以融入银行管理系统和过程的政策工具，使一线工作人员和风险评估人员都可以使用。同时，为提高管理的标准化和一致性，银行可以联合起来开发更具有普遍意义的风险评估工具，并将其应用于项目融资以外的各类借贷和投资活动中。风险评估工具的种类和复杂程度也应该因银行的业务处理能力而异，对该业务初步开展，或银行风险评价系统相对不完善的区域，可开发相对简单适用的评估工具；对该业务已经成熟开展，且对风险的认识度更高、测量方法和工具的掌握更加熟练的金融部门，如世行、花旗银行可以应用更加复杂和精确化的评估工具。为使该项业务更快推广，可定期召开业内论坛，增进案例代表之间的学习交流，依据一些开发银行和商业银行的经验，制定更好的生物多样性保护方案。

3. 将生物多样性风险意识推广到企业经营和融资管理中

需要进一步延伸同生物多样性和生态服务相关投资决策的风险评估范围，当前评估大部分基于银行声誉的考虑，负面影响监测有助于更综合性地认识生物多样性损失。一旦金融界充分认识到项目融资中的生物多样性风险，就会考虑在具体区域、行业、客户间的资金分配的改进问题。并且，银行审核程序的逐渐严格和标准化会对客户形成反向约束机制，为了降低成本和顺利获得融资，客户需要将生物多样性风险作为业务考虑的内容之一，生产活动中对生物多样性的负面影响也会随之降低。银行作为生态融资业务的开展者，其前台工作人员应该了解更多有关生物多样性的知识。在此基础上，可以对老客户进行生物多样性保护知识、银行融资要求的培训，指导他们在项目开展过程中规避生物多样性风险，从而提高企业声誉，更加顺利地获取持续性借贷。银行也可以有重点地同企业领导和其他已经在生物多样性风险领域有较多实践经验的组织联系，推动这一问题在金融领域得到重视和解决。从法律规章方面建立生物多样性保护奖惩机制，国家应从宏观层面对生物资源进行连续统计调查，除了濒危物种保护、保护区划定之外，还应该对生物基因资源、生态系统协调性加以勘察和保护。政府应对生物多样性的经济和社会价值予以合理评价，完善生物多样性保护相关法律，建立地方生态保护政策规章；严惩破坏生物多样性的生产活动，对有利于生物多样性保护，或因生物多样性保护而遭受损失的生产者予以奖励或补偿。

4. 扩大生物多样性风险评估的业务范围

生物多样性风险评估是一个复杂的过程，并且其解决方案通常极具地方性,生物多样性风险也可能通过价值链产生系统化的间接影响。相对于一般性的没有明确目标的企业借贷,银行大部分情况下只考虑项目融资的生物多样性风险,而项目融资只占银行业务范围的一小部分。因此,通常所理解的生物多样性风险是特定区域特定项目所具有的,银行对这类工程项目具有最直接的影响。并且资产层面的借贷由于知道资金未来的用途,因此生物多样性风险被认为是最可见的(同项目运作直接相连)。但是,将生物多样性风险的关注焦点扩展至客户或投资组合层面将会更有利于银行风险管理,由此会将风险控制扩大至更高比重的借贷资金。除此之外,为了使投资产生的生物多样性风险被充分理解和评估,也有必要很好了解地方化生物多样性风险,包括生物多样性与地方生态服务的关系,例如从当地生态系统中获取淡水、木材和鱼类资源的可承载范围。因此需要进行严格的生物多样性风险评估和培训,特别是针对生态保护区以外的生物多样性风险,以及生物多样性保护同生态服务和价值链之间的联系,制定各层级执行政策规定对其加以规范约束。

第五章　生态文明前沿问题研究三：多重空气污染管理

——潜在的可能与实现路径

以往空气质量管理多是针对单一污染物确定标准和方法，空气质量是否合格的关键取决于每种污染物是否超过标准。但是实际上不同浓度的各类污染物之间相互反应，混合污染物对健康和生态系统的作用并非单个污染物的加总，污染物的组合可能加重或抵消某类负效应。单独针对各类污染制定减排目标，缺乏对总体效益的评估，会忽略污染物治理的优先顺序，增加污染治理成本。因此，为了更加高效安全地进行空气污染管控，需要将污染物作为相互作用的整体，通过科学有效的方法实现空气污染的协同治理，一些国际上的研究组织已经提出应对污染的“多重管理”(multipollutant management)方案。① 但是由于技术和管理体制限制，当前大部分国家缺乏发起多重污染研究的条件，关注的焦点往往是当下最为关心的污染物。相对来说，混合污染物研究的空白存在于：(1)各类污染物间的化合作用难以完全掌握；(2)只针对已经被识别出来的污染种类，还需要研究未知污染物的健康效应；(3)以往多是一次研究一种污染物的作用，并没有注意到污染物的共同环境效应。由于污染源、大气反应过程和混合污染物的生态健康效应存在高度的复杂性，因此，这一治理

---

① 参见 Mauderly J.L., Burnett R.T., Castillejos M., et al.,“Is the Air Pollution Health Research Community Prepared to Support a Multipollutant Air Quality Management Framework”, *Inhalation Toxicology*, 2010, Vol.22, No.S1, pp.1-19。

任务异常艰巨。当前能够进行系统性多重污染管理的只有欧美少数发达国家。

多重污染管理中需要集成数据作为平台支撑，用相关空气质量模型模拟减排方案，其中关键的前提是：医疗健康部门与环保部门通力合作，对混合污染物的健康影响有充分的认识。当前多重污染管理在国内还是一个新的概念，在实践中常用的是空气质量指数，即通过对各类污染相对最高值（首要污染物）的监控来衡量整体空气质量。从内容上看，这种方法同实际的多重污染治理还存在一定差距。为进一步阐明多重污染管理的具体含义，以下部分在对多重污染管理的概念和意义进行分析的基础上，以美国佐治亚州为例，介绍多重污染管理的具体方法和步骤，然后总结多重污染管理中存在的障碍和可能改进的领域，为国内进一步实现多重污染管理提供参考借鉴。

一、多重污染管理的概念及实施意义

多重污染管理是对具有相同或混合排放源、相似前提物或化学反应，或对人类生态系统具有类似健康效应的一组空气污染物实施协同规划治理。① 在强调人群污染暴露（pollution exposure）分析和信息技术应用的基础上，通过综合方案实现污染减排和环境保护。多重污染管理具有结果导向和风险导向两个特征。结果导向同污染治理效率有关，以低成本实现既定的污染控制目标。多重污染的综合控制方案可能是同步实施的，也可根据污染物的来源和性质分阶段性实施，最终目的是在既定时间内通过协调、一致的方案实施达到污染减排的目的。风险导向特征与人群暴露和生态系统维护有关，考虑到人群分布与聚集度、污染物性质与扩

① 参见 Hidy G.M.，Pennell W.T.，“Multipollutant Air Quality Management”，*Air & Waste Manage*，2012，No.60，pp.645-674。

散条件,采取综合污染治理方案将混合污染物相关风险和损害降到最低点。因此,除了以往对污染及其前提物排放、反应、扩散的相关研究外,需要补充了解的是:混合污染的健康影响、人口分布特征和各类污染物控制方案的效果评估。

首先,关于污染的健康影响,非加总型的污染物效应实际上更为普遍地存在,污染物之间、污染物和其他因素的交互作用是健康影响形成的基础。混合物的健康效应存在协同和抵消两类,因此污染混合物的总效应可能大于或小于独立加总值。但是,当前这一领域研究还相对不足,较多用剂量—反应模型或医学实验验证单个污染物对健康的作用,而混合污染物的交互影响,以及污染物对健康作用的门槛点还是研究的薄弱环节。实际上此类效应的研究将提高治污针对性,例如对于污染的门槛效应,如果存在显著的证据表明 $PM_{2.5}$ 的负健康效应在其前提物有机挥发物 VOA 浓度超出某一值的情况下更为明显,那么在制定 $PM_{2.5}$ 浓度标准的时候就需要同时考虑 VOA 的浓度。污染物成分分析也需要被提上日程,例如,如果汽油燃烧颗粒物被证明比地面产生的颗粒物毒性更大,规则的制定将针对颗粒物的化学成分来追溯排放源,而不是对颗粒物总体进行管控。

其次,空气污染暴露测量是多重污染健康效应研究的前提,可以由此发现由于暴露程度差异而产生的个体发病率变化。掌握污染暴露信息也是风险防范的基础,相关信息包括人群空间密度分布、差异性健康效应、健康损失评估等。除了可以采用卫星传感数据测量人群分布及暴露程度外,①还需要相关部门配合进行信息采集,例如由城市人口管理、卫生防疫、交通信息管理机构提供同人口流动和流行病相关的数据。以往一些研究者进行了多城市健康效应的时间序列分析,在对数据分类或合并处理之外,还需要及时监测城市内部人群集中的公共场所空气污染及变动

---

① 参见 De-Sherbinin A.,Levy M.A.,Zell E.,et al.,“Using Satellite Data to Develop Environmental Indicators”,*Environmental Research Letters*,2014,No.9,pp.1-13。

情况，制定更为详细和差异化的空气质量标准。

最后，需要借助现代科技工具制定混合污染物综合治理方案。在污染物控制的组合方案制定中，应该充分考虑到方案之间的相互作用，如果初始方案不足以达到减排目标，即使后期采用附加的方案，在对污染物的相对敏感度缺乏认识的前提下也难以生效。除了依照经验分析外，能够证明综合污染控制方案效果的先进方法是环境模型，也就是借助人工智能对控制方案进行污染物敏感性分析。当前国内外开发出了多种相关环境模型，模型的科学应用和调试是多重污染治理的关键；目的在于根据模拟结果选择最佳方案组合，从而实现各类目标污染物的协同治理。因此总体来说，多重污染治理需要跨学科合作、大数据支撑，综合应用大气动力、化学反应、计算机编程、健康风险评估等各方面的知识技能。

二、多重空气污染管理进展——以美国佐治亚州为例

（一）美国多重空气污染管理的背景和步骤

当前世界上可以实施多重空气污染管理的国家还很少，其中美国环保署提出转向“治理混合空气污染的多重模式”，但是掌握并实施这一方案仍是一个挑战。2004 年美国研究机构发布报告，建议开发控制混合空气污染的多重治理方案。报告说明了当前分别针对 6 种主要污染物的空气质量控制标准，将朝向“空气整体”的治理方案推进，用“多维度空气质量模型系统”同时评估多种空气污染。首先，美国环保署将 6 种空气污染物合并成综合空气质量指数，指数范围是 0—500，指数越高污染浓度越高，同时也给出了各指数水平相对应的健康影响。其次，多重污染管理是一个系统性的过程，其中两个关键的步骤是：(1) 评估同时遭受多重污染的健康损失；(2) 制定控制多重空气污染的综合方案。

以下部分将以美国佐治亚州为例阐述当前多重污染治理的实践进

展。具体步骤如图 5-1 所示，首先，对当地各类污染物进行减排敏感性分析，用计算机模拟单项控制方案并观察污染物的浓度变化，同时对减排方案进行成本和可行性评估；然后在敏感性分析的基础上，充分考虑各分项方案的健康影响和其他相关效应，初步确定减排组合方案；接着将实际排放数据代入所选择的方案组合进行模拟评估，验证能否在既定成本下实现空气质量目标。依据模拟结果调整预定的方案，最终确定综合减排方案。这种方法能够将空气质量模型同人群污染暴露分布、病理学特征相联系，从而估计每种减排方案的潜在效果。综合方案的确定过程注重理论和实际相结合，在评估每种方案有效性的基础上进行综合方案选择，依据排放源和人群暴露信息进行减排效应模拟分析，可以使预定方案更接近现实情况。并且，在方法体系应用于实践之前，用长期光化学模型进行证实校验，估计各分项方法之间的相互作用，以此调整组合方案使之更加具有一致性和经济可行性。

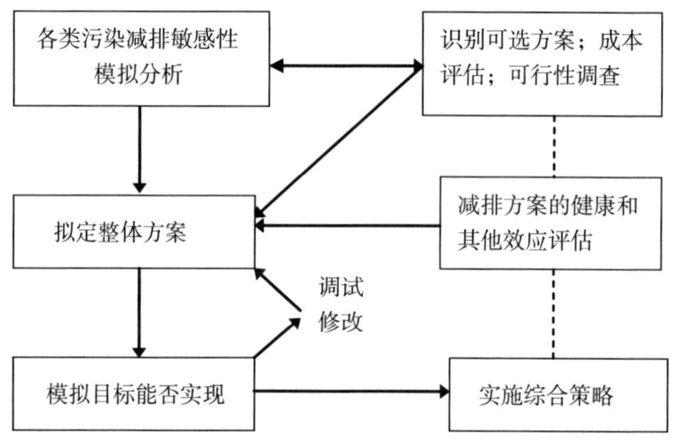

图 5-1　多重污染物管理实施方案

总体来说，佐治亚多重污染管理实施过程可分为如表 5-1 所示的三个阶段：前期准备、中期策划和后期实践。在前期准备过程中，需要收集整理相关健康影响、人群暴露、排放源、排放标准相关信息，为以后的数据模拟和方案制定提供研究基础；从这一阶段开始就应该发挥多学科协同的作用,促成医疗、气象、人口管理、环境管理等部门有效合作。第二阶段即中期策划过程中初步形成减排方案,需要从减排敏感度和减排成本两个方面拟定减排组合方案,这一阶段需要使用空气质量模型和统计分析方法,其中模型和方法的适用性是关键。

第三阶段是减排方案的调试和推广。为验证方案的有效性,需要选取适当的时点将实际数据代入综合减排模型验证实施效果,并依据模拟结果对方案进行反复调试;得到相对精确稳定的结论后才可以普遍推广,确定最终的中长期方案并应用于实践,这一过程中的要点是综合方案的精准和一致性。整体来说,多重污染管理是一个分步骤、系统性过程,需要多部门的合作和集成性信息,在空气质量模型的支撑下,模拟减排方案组合的效果,结合成本效益分析拟定空气污染综合治理方案。

表 5-1　实施多重污染管理的步骤和要点

阶段	步骤	要点
前期准备	(1)识别污染混合物的多重健康影响	健康影响评估
	(2)统计空气污染源和气象条件	背景数据收集
	(3)对人群暴露程度进行估计	人口分布状况
	(4)设置多重污染管理的规则标准	促成合作的形成
中期策划	(1)模拟各类方案下的污染物减排效果	敏感性模拟
	(2)减排方案组合的运行成本效率分析	健康效益的货币化
	(3)拟定综合型的空气污染治理方案	经济技术可行性
后期实践	(1)对组合方案进行验证和调整	反复调试和精准性
	(2)确定最终的中长期方案	方案的一致、协调性

(二)实践过程中的主要方法和结论

佐治亚同时控制臭氧和 $PM_{2.5}$ 的战略规划项目于 2007 年 3 月开始执行。该项目分配的人力资源包括:(1)评估方案可行性和实施成本控制的工作人员;(2)进行光化学敏感性分析和健康效应评估的建模者;(3)选择控制方案的环保机构人员,规划内容必须被佐治亚自然资源管理部门和美国环保部批准才可能实施。环保机构使用多种模型进行排放敏感性分析，这类模型系统包括：中尺度模型气象模型（MM5）、稀疏矩阵算子核发射模型（SMOKE）、多维度空气质量光化学模型（CMAQ）、延展性综合空气质量模型（CAMx），这些网格化模型系统能够模拟控制方案下各类污染物的小时浓度变化。① 美国环保部门应用模型分别模拟基础和目标年份的空气污染浓度；为提高结果的准确度，模拟区域不限制于佐治亚，还覆盖广阔的密西西比、南卡罗来纳、田纳西、亚拉巴马州。研究者在记载各地区的污染源类型及预期经济增长率的基础上，预测未来年份的排放。同时，为了提高对排放量变化预测的有效性，美国环保署导则建议对模型数据结果的分析过程中，应当更关注于相对变化而不是绝对浓度值的大小。

佐治亚多重污染管理中敏感性模拟分析可以判断各类污染物的来源、减排的难易程度、减排的关键所在，为综合型方案的制定提供依据。敏感性分析表明臭氧相对于氮氧化物和挥发性有机物的反应度更强，即减排的可能性更高。对 $PM_{2.5}$ 的控制来说，最大的利益来自该地碳粒子控制，而通过二氧化硫、氮氧化物、VOC 的控制产生的 $PM_{2.5}$ 减排效应相对弱，因此该地区 $PM_{2.5}$ 浓度显著受影响于佐治亚的大发电厂是否安装除尘设施。另外，敏感性分析表明当地氨气排放显著增加了冬季 $PM_{2.5}$ 的浓度，因此需要有效控制这种经常被忽视的污染前提物。敏感性分析之后是控制方案的选择，有必要模拟整体控制方案，显示整个时期内取得的成效，并且分析分方案之间的非线性相互作用。如果对初始控制方案的模拟结果发现有必要实施进一步的控制方案，敏感性分析的结果会为附加方案的制定提供信息，从而减少模型和方法之间迭代重复。一些较

---

① 参见 Morris R. E., Koo B., Guenther A., et al., "Model Sensitivity Evaluation for Organic Carbon Using two Multi-pollutant Air Quality Models that Simulate Regional Haze in the Southeastern United States", *Atmospheric Environment*, 2006, No. 40, pp. 4960 – 4972。Byun D. W., Schere K.L., "Review of the Governing Equations, Computational Algorithms, and Other Components of the Models-community Multiscale Air Quality (CMAQ) Modeling System", *Applied Mechanics Reviews*, 2006, No.59, pp.51-77.

高级的分析技术例如高阶解耦导向方法或表面反应模型，都可用于制定附加的控制方案。

掌握人体或生态健康的剂量——反应信息也是多重污染治理方案制定的前提，即在污染控制中不能只考虑到气象和光化学条件，同样需要针对医学领域的污染—健康研究。如果没有各科学领域的充分融合，将弱化多重污染治理的经济社会效应，也不能实现方案初始的成本效益最优化目标。美国健康效应研究所（HEI）同各机构的科学家联合研究这一问题，用各类统计方法定量分析现实中混合污染物对人体健康的影响，包括对混合空气污染的联合健康效应、多重污染暴露程度量化分析，以及暴露测量误差对污染物健康影响的研究等。该项研究雇用美国3个城市100多人，收集了多种污染物——挥发性有机物、碳氧化物、颗粒物等室内外的浓度值。在健康效应机构的支持下，这些数据被收集进了环境共享数据库中，成为检验多重污染分析新方法的宝贵资源。

三、多重空气污染管理过程中存在的普遍障碍

多重污染管理尽管在美国、荷兰等少数国家已经开始实践，但推行过程中仍存在重重困难。除了各部门内部技术知识的不完备之外，部门之间协调合作、信息流动的缺失也阻碍着多重污染管理的系统性推进。并且受旧有单一污染管理体制的制约，当前还存在多重污染排放标准不统一，治理精度有待提高等问题。如下部分将针对管理过程中普遍存在的障碍进行分析论述。

（一）对多重污染物暴露的健康效应的认知障碍

多重污染管理需要多学科领域合作互补，当前从事污染管理的多是环境专业人员，对病理学和毒理学角度的污染物健康效应研究相对有限。除了环境和医学领域之间信息沟通障碍外，医学研究中针对混合污染物

暴露的健康危害研究缺失也制约着污染管理的深入推进。例如，在医学实验研究中，同空气污染暴露相关的一些数据信息是相对缺乏的(例如抽烟与职业信息)，诊断的相对精确性、保护患者个人隐私也影响了有效数据的收集；在对照研究中，医院数据存在不统一、不连贯的问题，使个人暴露程度和疾病结果之间的关联性难以准确衡量。除此之外，受制于信息和计量技术的不完善，混合污染物健康生态效应的模拟分析、健康损失的度量也是薄弱环节。

以往研究更多地针对短期污染物浓度变化与人群疾病之间的关系，缺乏长期内浓度缓慢变化对个体健康影响的研究。并且剂量—反应关系研究具有较强的约束性，大多数针对特定时期、特定区域、特定人群，缺乏整理分析和对普遍规律的总结。不同人群暴露程度的健康影响是医学界关注的特殊问题，因为每一个浓度水平对应特定的处理方案，在难以对每一个受试者的每一种污染接触反应都进行测量的前提下，如果错误分类可能会低估接触和健康影响之间的真实关联。并且，由于不能有效分离环境和个体特征，还可能存在混淆效应，从而高估或低估空气污染的健康影响。空气污染和健康风险相关结果的精确性在一定程度上取决于样本数量，一些研究可能因为没有足够数量的样本而无法进行。

（二）空气质量标准的制定不利于多重污染管理

当前空气质量标准的制定多针对单一污染物，分别给各类污染物规定排放标准，空气质量指数也依据超标最严重的一类污染物编制，通常一个环境治理方案控制一种污染物的浓度。实际上，考虑到各种污染物之间的相互关系，多重污染管理不应该只建立各种污染物的控制标准，不能将浓度—响应作为线性而非门槛型的关联来反映空气污染的健康效应。单一标准框架下实施污染控制会产生规则方案之间的矛盾，使污染物减排的总效应量化产生结果偏差，造成减排效应的相互抵消和资源浪费。应当应用综合空气质量指数的浓度—响应方程来应对这种偏差，并且由于不同管辖区空气质量指数的形成存在差异，不能依据特定区域的结果判断和发布健康效应。① 当前中国空气质量指数以对健康影响最大的污染物种类为依据制定，该项指数也存在忽视多重污染总体效应和门槛效应的问题，进而造成指数风险提示功能不足。因此需要从编制方法上加以改进，例如采用"加总空气质量指数（AAQI）"或"健康空气质量指数（HAQI）"。②

污染标准制定的单一性不仅表现在污染物种类方面，还反映在没有参考人群暴露程度和地理位置信息，例如室内室外、城市和农村、临海和内陆各种空气质量标准可能是不同的；由于温度、湿度、通风等外在条件存在，即使面临相同的污染物浓度值，人群健康影响也会有很大差异。空气污染标准制定过程中需要更多考虑到混合污染物的关键门槛点，污染物本身的化学性质及对人类差异性的健康影响。因此，多重污染质量标准更可能以组合的形式出现，可以依据背景条件对标准进行恰当分组，形成多套适用于不同环境的空气质量标准。环境管理者也将针对更加复杂的空气质量标准进行监管，并且更困难的问题是，如何将这些复杂标准以通俗易懂的形式传达给公众，获得公众对环境管理工作的支持和监督。

（三）多重污染相关模型和统计方法的科学性有待提升

首先，多重污染管理必须对污染物的分布及运动轨迹有相对清晰的认识，在掌握排放源信息之外，污染扩散模型也是必要的模拟和预测工具。但是当前污染扩散模型的开发和应用是研究难点，除了污染物本身的特性外还需要加入空气动力、化合作用、排放变化等变量。当前类似模

① 参见 Cairncross E.K., John J., Zunckel M., "A Novel Air Pollution Index Based on the Relative Risk of Daily Mortality Associated With Short-term Exposure to Common Air Pollutants", *Atmospheric Environment*, 2007, No.41, pp.8442-8454。

② 参见 Hu J.L., Ying Q., Wang Y.G., et al., "Characterizing Multi-pollutant Air Pollution in China: Comparison of Three Air Quality Indices", *Environment International*, 2015, No.84, p.17。

型在欧美一些发达国家应用更广泛，其他国家也存在对空气质量模型的开发，但模型的精度还需要进一步提高。关于测量的准确性，空气质量模型应用和敏感性分析依赖于精确的气象和排放量信息，但当前对于许多污染物来说都存在排放量的不确定性。因此，一些环保研究机构建议通过观测分析调整补充减排模型，特别是用化学质量平衡模型和正向因子矩阵进行基于观测的排放源解析，估计各类排放源对污染物总体浓度的贡献。① 即便是环境技术最为先进的美国，环境管理部门也提示，对空气污染的预测更多要观察相对变化程度，而不要过于关注预测的绝对数值。因此，使用空气质量模型更加精确地分析污染物排放及变化仍是目前环境研究领域的重要任务之一。

其次，从统计学角度分析，多重污染物健康效应评估遇到的挑战是：大多数方法同步处理所有预测变量，而没有将空气污染作为混合的整体进行研究。现有的第一种解决方法是，将空气污染物分作几个组类（例如按照来源和化学成分分类），使用“高维回归”或“逻辑回归”法来探索高维数据交互效应，并且可将单个污染物的产生时期加进模型中以提高拟合度。② 但是这样的分析依赖于污染物之间可能存在的相互作用机制，并且会因为对实际暴露程度的估计误差和污染物浓度测量误差而使结果难以解释。第二种估计方法是使用一种污染物代表几种污染物的混合或一种污染源，例如，将 $PM_{2.5}$ 当作煤炭燃烧的污染指数，将 SO_2 作为区域产业污染的标志。将相关污染物种类降维后集中于小部分核心指

---

① 参见 Marmur A.，“Receptor-model Based Analysis of High Particulate-matter Days in Several Urban and Rural Sites in Georgia in Light of the US-EPA Proposed New Daily Ambient Air-quality Standard”，American Association for Aerosol Research 7th International Aerosol Conference，America，Minnesota，2006。

② 参见 Angel D.，Davalos M.S.，Thomas J.，et al.，“Current Approaches Used in Epidemiologic Studies to Examine Short-term Multipollutant Air Pollution Exposures”，*Annals of Epidemiology*，2016，No.6，pp.1-9。Wellenius G.A.，Coull B.A.，Godleski J.J.，et al.，“Inhalation of Concentrated Ambient Air Particles Exacerbates Myocardial Ischemia in Conscious Dogs”，*Environmental Health Perspective*，2003，No.111，p.403.

标，包括监管降维法和非监管降维法。[①] 但是这种方法也有缺陷，就是集中于少数污染源而遗漏了其他可能更难测量到或了解的污染源，不能准确预测可能产生健康影响的污染浓度水平。第三种方法是通过源识别的方法界定污染排放，包括因子分析和源解析技术，使用数据扣除的统计办法将颗粒物排放归因于各类污染源。然而存在的问题是：由于污染源具有显著的地方性特征，基于污染源的分析法在某些时候难以得到一般性结论。将混合污染物归因于特定污染源的同时，也要考虑到混合污染物可能存在多个类似污染源，以及污染源随时间变化的特征。

（四）管理过程中存在部门合作和信息共享障碍

多重污染管理要求信息的全过程传导和分享，这个连续的过程包括污染源及健康效应，掌握污染源、人群暴露信息，模拟与实现减排方案。因此多重污染管理并非一两个部门就可以完成的，需要学科和部门间有效的沟通，消除知识和信息流动的阻隔。当前信息共享沟通在一些已经展开多重污染管理实践的发达国家还存在一定阻碍，对于发展中国家来说更为困难。首先是信息的不完全，除了对污染物间相互作用的研究相对深入之外，未知污染物的种类、混合污染物长期健康效应，污染控制方案可能产生的多重影响都还是研究的薄弱环节。其次，技术和制度障碍也影响到现有信息的沟通，技术障碍源于信息平台的建设和共享困难，尤其是跨学科之间的信息共享，大数据应用需要先进科学技术的支持；多部门信息共享也需要有多学科知识储备的科研人员进行有效地沟通协调，但是当前此类综合型人才的培养还相对欠缺。制度障碍源于行业部门之间的分割、信息垄断和不对称；缺乏牵头协调机构，还没有形成部门间协同合作机制。并且，一些关键的信息如人口的空间分布，污染物潜在的流

① 参见 Pearce J. L., Waller L. A., Mulholland J. A., et al., "Exploring Associations Between Multipollutant Day Types and Asthma Morbidity: Epidemiologic Applications of Self-organizing Map Ambient Air Quality Classifications", *Environmental Health*, 2015, No.14, pp.5–15。

行病风险某些时候被作为内部机密而不能实现共享。

四、多重空气污染治理过程中可能优化和改进的领域

（一）污染标准制定的改进

第一,要考虑到各种污染物之间的相互关系,例如在控制颗粒物的浓度的同时也会影响到臭氧的浓度。因此,不只是建立针对单一污染物的控制标准,在制定标准的时候决策者需要评估各种治理方案的综合影响。第二,可以将多重污染物负向影响进行二次转化,例如以健康或生态效应为新标准,用发病率和死亡率作为具体的衡量指标,或者把寿命的减少年限进行货币化度量。这样规则制定就可以针对混合污染物或者排放源,以健康风险降低程度为标准。第三,在标准制定过程中,需要加强对各种污染物关键浓度点上健康风险的认识。例如在浓度达到某一门槛点后对敏感人群(老人和小孩)有显著的健康影响,在达到更高程度后对全体成员都存在显著健康影响;同时也需要注意其他前提物存在的条件下,污染物达到某一浓度值后健康负效应会明显增强的情况。因此,更为详细了解污染物之间的相互化合作用,及混合污染物健康生态效应是有效治理多重空气污染的前提;需要投入更多的资源对多重污染的负效应进行深入研究,扩大样本的总容量,增加国家和区域之间的联合医疗保健研究。

在研究多重污染效应时,还应当注意到污染模型的空间和时间的对照性,利用这种不同建立更加完善的空气污染—健康响应关系,建立差异化和针对性的多重污染排放标准。例如,依据人群污染暴露程度制定室内外污染排放标准,城市和村庄空气质量标准;另外气象条件、地理位置、人群特征也是空气质量标准制定需要考虑的因素,因此可能出现更多的组合污染物标准,例如在晴天强光照条件下,臭氧浓度和氮氧化物的组合浓度标准和阴雨天的标准将存在差异。并且,之前对颗粒物的研究更多

针对总体浓度水平，通常通过对气团整体的研究将其视为一种单独的污染物，但是当考虑到体积、内部的化学成分和健康影响后，更应当将颗粒物看作复杂的来自各类排放源的混合物，在进行标准制定时需要考虑到颗粒物的性质和来源。

（二）加强各科学领域的合作研究与信息共享

多学科合作是多重污染治理的必要条件，一方面需要从资源配置和人员培养入手，改变各学科相互独立、信息阻隔的现状，例如成立环境卫生综合研究室，人口环境协调管理部门；培养交叉学科、多学科综合人才填补各学科领域之间的鸿沟，在环境管理中遇到复杂新问题的时候可以迅速制定适当的解决方案。另一方面要加强各学科领域的人员研究项目合作，例如成立多重污染专家咨询组提供多元化信息，共同协商污染防控方案。特别是混合污染的健康影响研究依赖于对污染物生物特性的了解，例如，污染物之间协同作用、生物活性和氧化能力，以及这类生物特性对人类健康和生态系统的作用，就需要生物、医学、化学领域研究人员的协同合作，并将知识信息有效传达给环境政策制定者。

另外需要研发准确度高、适用性强的空气质量模型。依据地域特点对模型和方法进行调试，以扩大应用范围和推行统一标准；寻找信度更高的污染源及浓度值统计方法，或是综合应用现有的高维回归、监管降维、因子分析等统计方法并对照得出更稳定的结果。

信息的实时共享是推动多重空气污染管理的前提条件，需要城市人口管理、环境管理和气象监测部门的密切合作。关键在于打破部门间相互分割、各自为政的局面，通过科学规章制度的制定、机构间的协调合作，形成及时、连续、全面的污染排放信息监测系统；掌握可追踪的人群暴露程度测量方法，为科学有效的多重污染治理方案的实行提供制度保障。

（三）综合方案制定体现优先与协调性的原则

综合治理方案往往是各分支方案的集合，需要在用长期模型和实证经验的基础上，估计各分类方法的相互作用，通过最大化协同效应和最小化抵消效应提升整体方案绩效。首先，综合方案的制定并不是对所有环境目标一并考虑实施，仍可以在分析成本效益的前提下，优先完成首要的目标任务，方案体现了替代和层次性的减排理念，优先防范最重要风险或者取得风险最大化降低。并且可以在控制当前最突出环境风险的基础上，考虑排放源、人群分布情况和一次、二次污染物的生成条件，采取分步骤的方法依次降低各类污染物负效应。总之，对于多重污染治理来说，要求在既定时间内实现多种污染物减排目标。不管组合方案是同时还是分步实施，都需要严格控制人群暴露风险，在成本可控的前提下实现环境治理效益最大化。

其次，多重污染治理要突出协调一致性的原则，污染治理方案往往是多个分方案的组合，要求各分方案之间不能相互矛盾。例如子方案 A 的主要目的是降低颗粒物浓度，但是有增加氮氧化物浓度的风险，子方案 B 的目的是降低臭氧浓度，两者同时实施就可能最终达不到臭氧的浓度标准，因为氮氧化物会二次生成臭氧。因此，各方案之间需尽可能形成相互配合、相互促进的结果，使总效应大于分效应加总。方案效果的一致性评估除了依据经验外，还需要借助现代化的科技手段，例如佐治亚案例中，在了解实际排放源数量、预测经济增长速度的前提下，对综合方案进行数据在线模拟评估，最终确定协调一致的实践方案组合。

五、展　望

多重空气污染治理是国际环境管理的新方向，具有协同、精确、高效降低混合空气污染健康和生态风险的优点。多重治理的各阶段都需要一定的信息技术作为支撑，因此科学技术的应用对于多重污染管理实践具有重要意义。但在不能完全掌握污染健康影响和减排模拟技术的前提下，多重污染管理可以是一个渐进的过程，由相对到绝对精确转变。对于发展中国家来说,首先,应该树立多重污染管理理念,并在技术允许条件下,以结果优化和风险控制为导向,加大资金和人员投入水平,加强对空气质量模型的研发力度,充分考虑到空气质量标准的改进和人群暴露程度的监测。其次,从协同共治的视角促进环境管理体制改革,形成各部门分工合作、信息共享的多重污染治理格局。

第六章　城市可持续发展的内涵与指标评估研究

——基于国际化观念、方法的评述和启示

一、城市可持续发展的含义

布兰伦特(Brundtland)最早提出著名的可持续发展理论:“在满足当代人的需求的同时,不损害后代人满足自我需求能力的发展途径”①。从形式上看,可持续发展体现在自然和人为创造的各类资源得到可持续利用,实现人与自然的和谐共生。可持续发展被认为是通过干中学这种适应性方式实现的,更多地反映公众观念和行为的改变,因此更大程度上是一种选择而不只是具体的概念,即在发展的道路上是选择绿色创新型还是资源环境依赖型,是合作竞争型还是利益垄断型。② 城市作为特殊的经济社会实体,可持续发展的内涵和外延也存在不同,需要对城市发展变化规律,资源与环境可持续利用方式进行科学探讨。并且越来越多的人认识到,只有在地方层面如城市或区域维度问题才能充分显现,因此城市

① Brundtland G.H.,“Our Common Future:Report of the 1987 World Commission on Environment and Development”,Oxford,Oxford University Press,1987,p.1.

② 参见 Turcu C.,“Re-thinking Sustainability Indicators:Local Perspectives of Urban Sustainability”, *Journal of Environmental Planning and Management*, 2013, Vol. 56, No. 5, pp.695-719。

可持续发展已成为当前研究的热点。由于存在着复杂的内外部关联，形成了衡量城市可持续发展水平的多重标准，可持续的城市生态系统应当是伦理性的、有效率的，能够实现自我规范、自我更新以及废弃物排放最小化，因此具有弹性、灵活和合作的特性。从具体维度分析，维尔玛（Verma）等认为城市可持续发展包括：（1）社会互动和生活服务的广泛提供；（2）最小化能源消费；（3）有效率的交通；（4）环境保护和再生；（5）可再生能源和废弃物管理；（6）发展清洁技术，绿色税收，绿色基础设施；（7）可负担的房价，公众参与决策；（8）保护公共空间、文化和自然遗产。①从时间角度观察，可持续发展应当是立体动态的，城市可持续发展的研究包括三个维度：历史经验、当前问题和未来目标。

城市发展具有显著的外部性，生态和生活资源不仅来自城市内部，更多来源于其他区域的供给，城市和其他地区通过商品贸易的形式消耗了超量的生态产品。马克思用土地新陈代谢理论对资本主义制度进行批判，认为城乡分离与物质替代关系造成土地循环断裂，资本积累的目标产生了劳动异化和物质资源的浪费，这就造成了人与自然的对立，引发资本主义生态危机。②在当代社会现实中，由于城市地域范围和生态承载能力有限，城市经济出现环境、社会和经济方面的效应替代转换，城市人工资本不断积累增长而自然资本相应减少。③因此，城市经济的正外部性和环境的负外部性决定了：在管理决策的时候必须考虑到城市和外围之间的互动，利用经济正外部性化解环境负外部性。环境、经济和社会各维度之间不应该存在相互抵消的现象，城市应当依赖集聚和规模效应提高经济社会效益，而不是以资源环境消耗或分配公平为代价去促发展。

---

① 参见 Verma P., Raghubanshi A.S., "Urban Sustainability Indicators: Challenges and Opportunities", Ecological Indicators, 2018, No.93, p.284。

② 参见李宏伟：《马克思主义生态观与当代中国实践》，人民出版社2015年版，第33—35页。

③ 参见 Mori K., "Christodoulou A. Review of Sustainability Indices and Indicators: Towards a New City Sustainability Index(CSI)", *Environmental Impact Assessment Review*, 2012, Vol.32, No.1, pp.94-106。

二、城市可持续发展指标的功能和分类

在20世纪90年代,可持续发展因为太过抽象和模糊、缺乏实践意义而受到批评,于是国际上出现了一些衡量可持续发展水平的方法,其中最多的是设置各类可持续发展指标体系,为各层面决策制定提供坚实基础。在经济社会动态变化过程中,指标体系及测度结果可以及时清晰地向政策制定者和公众提示:当前的状况、存在的优劣势、需强调的重点领域,从而调整管理方案。通过可持续发展水平的量化,可以得到不同区域和时间范围的对照结果,为各类可持续发展政策的制定提供现实依据。因此指标体系及结果可以提高决策的科学性,可以从中发现问题、设定可持续发展目标、确定合适的管理策略。作为可量化的工具,可持续发展指标体系被科学应用的基本前提是:指标必须具有明确的意义和指示性,清晰体现可持续和不可持续之间的差异、依据评价结果可以发现政策调整的目标方向。并且,由于具备统一和明确的含义,城市可持续发展指标体系可以形成并推动行为主体之间的对话协商,借助信息在不同社会团体之间的交流分享形成共同学习发展过程。

全球多个机构制定过不同版本的可持续发展指标体系。例如,世界银行将可持续发展指标分为三类:一是数量较多的同生态环境相关的指标集;二是用于评估环境政策的少数核心指标;三是反映环境、经济、社会等多个问题的系统性指标集。世界银行也在2007年开展了全球城市指标评价项目,将多个城市在统一的平台上进行对照研究,共同分享城市发展经验。世界资源研究所确定了四类指标体系:第一类是源头指标,这类指标针对资源和生态系统的损耗;第二类是累积指标,例如排放物和垃圾,用于测量环境的承载力;第三类是评估地球生态系统和生物多样性的生命支撑指标;第四类是评估环境降级对人类健康和福利影响的生存指标。联合国可持续发展委员会前后发布过几版国家层面的可持续发展指

标,其中1996年版包括134个指标,但是为了突出重点,到2007年消减到50个核心指标。世卫组织欧洲健康城市研究中心从1998年开始收集发布欧洲100个城市12项健康指标;欧洲绿色城市指标体系针对欧洲30个主要城市评估了30个环境指标,对加强城市政府的环境意识、制定有效环境政策起到了积极意义。欧洲城市可持续发展指标包括10个领域:经济发展、贫困和社会包容、老龄化、公共健康、气候变化和能源、生产和消费模式、资源管理、交通、政府治理和全球参与。

除了机构制定外,还存在一些学者对指标体系的研究。除了从单一角度研究城市可持续发展指标,例如对城市建筑、交通、文化旅游、水资源等可持续发展指标的分类构建和评价。更多的是对城市可持续发展的指标综合研究,龙基(Ronchi)等将意大利可持续发展指标体系分为社会经济发展指标、环境指标、资源利用使用指标三大类30个指标,并针对每个指标设定了目标水平。① 亨普希尔(Hemphill)等将城市可持续发展指标分为经济、资源利用、建筑和土地使用、交通、社会福利五个方面,并对欧洲城市各类街区进行绩效和敏感性比较分析。结果发现成熟区或建成区的可持续发展度高于在建区,反映了时间维度在城市发展中的重要性。②“不存在固定的可持续发展城市的构建模式,街区、邻里和社区各自存在不同的环境、关键点和需求,应当设计灵活和包含附加性背景指标的指标体系。”③因此,按照是否直接关系到居民生活,可将指标体系分为个体和背景指标;按照影响一个或者多个可持续发展维度分为一维和多维指标。另有研究者参考不同国家和社会建立起来的复合可持续发展指标系统,将6种不同类型的指标体系合成单一的“国际城市可持续发展指标列

① 参见Ronchi E.,Federico A.,Musmecib F.,“A System Oriented Integrated Indicator for Sustainable Development in Italy”,*Ecological Indicators*,2002,No.2,pp.197-210。

② 参见Hemphill L.,McGreal S.,Berry J.,“AnIndicator-based Approach to Measuring Sustainable Urban Regeneration Performance:Part 2”,*Empirical Evaluation and Case-study Analysis*,*Urban Studies*,2004,Vol.41,No.4,pp.757-772。

③ Lützkendorfa T.,Alouktsi M.,“Assessing a Sustainable Urban Development:Typology of Indicators and Sources of Information”,*Procedia Environmental Sciences*,2017,No.38,p.549.

表”,列表中包括了各类决定城市可持续发展的指标。① 对以往城市指标体系研究可以发现:不同类型的可持续发展指标设置存在一定程度的差异,尤其是经济、治理方面的,总体来说环境和社会维度指标数量在总体中比重最高,并且各类研究之间指标的相似度也较高。

三、城市可持续发展指标的构建及度量方法

(一) 国外研究进展

虽然可持续发展指标作为城市可持续发展的象征和风向标,被广泛应用于管理层和学术界的研究中,但是可持续发展目标因研究区域和时段而存在差异,可持续发展指标的选取也因方法而异。例如,初始指标的选择可分为自上而下和自下而上两种,自上而下的方法意味着专家和学者确定可持续发展指标框架,而自下而上的方法要求不同利益相关者参与指标选择过程。自上而下的方法适合于广范围的标准化研究,由专家团队提出指标选项,在宏观角度上具有统一与代表性。尽管这种方法更加科学严谨,但是也同样存在着不能体现地方化特征的缺陷,经常由于缺乏统一口径的数据而难以被地方人员使用。② 自下而上的方法更适合于地方和区域层面,由多个利益相关者提出自己的意见,具体问题可以通过协商来解决。尤其是在发现和解决特殊问题的过程中,交流和分享知识是很重要的,可以通过引入多种社会组织和利益相关者的参与,形成跨部门的协商,进而提示政府实现可持续发展目标的方法和过程。

① 参见 Shen L.Y.,Jorge O.J.,Shah M.N.,Zhang X.,“The Application of Urban Sustainability Indicators - A Comparison Between Various Practices”, *Habitat International*, 2011, Vol.35,No.1,pp.17-29。

② 参见 Reed M.S.,Fraser E.D.G.,Morse S.,Dougill A.J.,“Integratingmethods for Developing Sustainability Indicators that can Facilitate Learning and Action”, *Ecology and Society*, 2005,Vol.10,No.1,pp.3-21。

自下而上的指标选择过程更为适用于城市范围，但也不是完全排斥自上而下的方法，专家参与可以调整指标方向，避免公众选择的短期和片面性。并且，为了使指标体系变得更加有影响力，应当被一群合法、有公信力和活跃的政策实施者感知到。而专家的参与将更容易将指标信息及时反映给决策者，增强指标评价的实践意义。① 总之，自下而上的方法更适合于地方或区域水平研究，自上而下的方法更适合于国家或全球性的研究。两种方案各有优势，当前可持续发展指标构建的新趋势是：综合自上而下和自下而上的方法，指标体系可由专家定义、构造和评估，而具体指标的选择依赖于社会公众的选择，由此保证指标的科学导向和实践适用性。

从横向内容看，可持续发展综合指标一般包括：环境、经济、社会、治理维度，也有将环境细分为资源利用和环境保护两大类的，为突出城市或文化的重要性，还存在从社会维度中分离出文化的指标体系构建方法。②由于同一可持续发展含义可能被多个替代性指标来解释，选取过程中需要考虑到指标的有效、可对照、简练和数据可获取性。从形成路径分析，可持续发展指数选取方法包括压力—状态—响应模式，驱动力—压力—状态—影响—响应模式和驱动力—状态—响应模式。依据这些方法选取的指标具有一定的关联性，有利于政策制定者发现威胁城市可持续发展的因素，以及需要具备的应对能力，对于建立弹性、安全、可持续的城市具有积极意义。

除了以上按照选择主体、研究维度、形成路径构造指标的方法外，另外还存在如下三种方案。第一，按照指标性质构造指标的方法。例如，运用两类指标——限制性和最大化指标来构造城市可持续发展指标系统。

---

① 参见 Bauler T.,"An Analytical Framework to Discuss the Usability of(Environmental) Indicators for Policy",*Ecological Indicators*,2012,17,pp.38-45。

② 参见 Toudert A. F., Ji L., Fährmann L., Czempik S.,"Comprehensive Assessment Method for Sustainable Urban Development(CAMSUD)—A New Multi-criteria System for Planning",*Evaluation and Decision-making*,*Progress in Planning*,2019,No.2,pp.1-36。

限制性指标基于环境可持续发展和社会公平判断城市可持续发展度，而最大化指标主要针对城市的经济和社会福利。需要将这两个维度分开独立评价，对于限制指标来说，有必要设置基本标准或门槛。① 第二，按照部门责任确定指标。“城市可持续发展战略目标通常来源于地方政府制定的各类发展规划，可采取工作任务分解的方法构造指标体系，将管理任务和目标有效地分解成子系统。”②在此方法下，可持续发展指数的选择包括4个步骤：(1)识别战略目标；(2)明确响应行动；(3)确定责任部门；(4)选择可以评估每个责任部门绩效的指标。

第三，借用统计分析方法确定指标体系。例如，梅捷林(Meijering)等用专家打分法进行三轮德尔菲实验发现，以下七个领域被认为是最为相关的：“空气质量、政府治理、能源消耗、非机动车交通系统、绿色空间、收入不平等和二氧化碳排放。”③其中五个是关于环境领域的，说明环境仍然被认为是当前城市可持续发展建设的主体内容。德兰(Tran)用指标聚类、线性回归和专家调整相结合的办法，从原始指标集中选择出各类代表性指标，属于兼顾主客观因素的可持续发展指标构建方法。④ 卢扎蒂(Luzzati)用聚类分析的方法把欧洲国家按可持续发展水平分类，分别说明高、中、低三组国家各维度的发展情况，并比较分析了各国可持续发展程度同GDP水平之间差别。⑤ 研究者普遍认为在指标数量众多的前提

---

① 参见Mori K.,Yamashita T.,“Methodological Framework of Sustainability Assessment in City Sustainability Index(CSI):A Concept of Constraint and Maximisation Indicators”,*Habitat International*,2015,No.45,pp.10-14。

② Zhou J.,Shen L.,Song X.,et al.,“Selection and Modeling Sustainable Urbanization Indicators:A Responsibility-based Method”,*Ecological Indicators*,2015,No.56,p.90.

③ Meijering J.V.,Tobi H.,Kern K.,“Defining and Measuring Urban Sustainability in Europe:A Delphi Study on Identifying its Most Relevant Components”,*Ecological Indicators*,2018,No.90,p.43.

④ 参见Tran L.,“An Interactive Method to Select a Set of Sustainable Urban Development Indicators”,*Ecological Indicators*,2016,No.61,pp.418-427。

⑤ 参见Luzzati T.,Gucciardi G.,“A Non-simplistic Approach to Composite Indicators and Rankings:An Illustration by Comparing the Sustainability of the EU Countries”,*Ecological Economics*,2015,No.113,pp.25-38。

下,有必要采取适当的方式进行精简。例如,运用主成分分析法确定最重要的指标集,发现三个主要的因子是:因子 1——GDP、单位面积土地产出、环境污染治理投资等;因子 2——建成区土地面积比重、人均道路面积;因子 3——固体废弃物回收率、人口密度。①

城市可持续发展水平的测量主要是在指标体系构建基础上完成的。以往学者主要是对指标进行赋权或效率分析后测量城市实际可持续发展水平;也有学者将指标实际值与目标值进行纵向对照分析,从而发现城市当前存在的薄弱环节或与目标的距离。例如,从人类健康维度使用人口密度权重法创建了“暴露指数”②,根据人口密集程度赋予城市各区域空气污染权重,结合卫星遥感技术测量了城市环境可持续发展度。库克(Cook)等使用目标距离法测量可持续发展度,即类似“交通灯”的指示办法,量化城市可持续发展现状同既定目标之间距离。③ 将城市可持续发展指标分为资源投入、产品产出和废弃物产出三个维度,从投入产出的角度研究了巴西库里蒂巴城市的代谢水平。④ 另有学者构建“资源节约型、环境友好型”城市指标体系,用向量角的方法测量了指标各维度的协调性和发展度,并检验了影响城市可持续发展的金融、资本、技术、经济环境等因素。⑤

① 参见 Zhang Y., Yang Z., Yu X.,“Ecological Network Analysis of an Urban Energy Metabolic System:Model Development,and a Case Study of Four Chinese Cities”,*Ecological Modelling*,2010,Vol.21,No.16,pp.1865-1879。

② Sherbinin D.A., Levy M.A., Zell E., et al.,“Using Satellite Data to Develop Environmental Indicators”,*Environmental Research Letters*,2014,Vol.9,No.8,p.4.

③ 参见 Cook D., Saviolidis N.M., Davíesdóttir B., et al.,“Measuring Countries' Environmental Sustainability Performance—The Development of a Nation-specific Indicator”,*Ecological Indicators*,2017,No.74,pp.463-478。

④ 参见 Conke L.S., Ferreira T.L.,“Urban Metabolism:Measuring the City's Contribution to Sustainable Development”,*Environmental Pollution*,2015,No.202,pp.146-152。

⑤ 参见 Chen X., Liu X., Hu D.,“Assessment of Sustainable Development:A Case Study of Wuhan as a Pilot City in China”,*Ecological Indicators*,2015,No.50,pp.206-214。

（二）国内研究进展

当前国内研究中指标的设定大多采用专家制定法，也存在少数征求各类机构意见后设定指标体系的。总体来看，研究的侧重点在于使用各种统计方法对指标进行量化评价。例如黄志烨等用驱动力—压力—状态—影响—响应理论框架构建城市可持续发展综合评价系统，用熵值法和层次分析法相结合的方法确定指标权重，测量了北京市2001—2014年间的可持续发展水平。① 也有学者通过调查问卷的形式向社会征求意见，例如甘琳等采用了有选择性地向政府、科研机构、咨询企业发放问卷的形式征求项目评价重要性指标体系，这类似于公众参与的方法，但是受访对象仍局限于城市部分研究管理层。② 除了对单个城市或某一类型的城市进行研究外，随着城市群的形成与繁荣，对城市群可持续的研究也日益增多。例如，檀菲菲在构建中国三大经济圈可持续发展评价指标体系的基础上，用复合系统耦合度模型和HP滤波分析方法，比较研究了2001—2012年三大经济圈的可持续发展度和协调度。③ 杨天荣等在RS与GIS技术支持下，对关中城市群生态服务重要性与生态环境敏感性进行评价分析，提出“绿心廊道组团网络式”布局体系以优化城市群生态空间结构。④ 周正祥、毕继芳在借鉴国外城市群交通建设经验的基础上，提出长江中游城市群交通建设应从提升运行效率和衔接度、推动“互联网+”、提高运输平衡度等方面增进可持续发展度。⑤ 国内城市群的形成和发展存在一定的时间差异，目前还缺乏对各类城市群综合可持续

---

① 参见黄志烨、李桂君、李玉龙等：《基于DPSIR模型的北京市可持续发展评价》，《城市发展与研究》，2016年第9期。

② 参见甘琳、申立银、傅鸿源：《基于可持续发展的基础设施项目评价指标体系的研究》，《土木工程学报》，2009年第11期。

③ 参见檀菲菲：《中国三大经济圈可持续发展比较分析》，《软科学》，2016年第7期。

④ 参见杨天荣、匡文慧、刘卫东等：《基于生态安全格局的关中城市群生态空间结构优化布局》，《地理研究》，2017年第3期。

⑤ 参见周正祥、毕继芳：《长江中游城市群综合交通运输体系优化研究》，《中国软科学》，2019年第8期。

发展度的横向比较，以及对不同城市群内部节点间互动分工水平的测量分析。

对指标进一步分类和精简，以更准确地反映城市发展现实也是国内的新研究领域。例如，张晓彤等将城市分为制造业为主导、商贸服务、物流服务、科教创意、旅游文化、生态宜居六类，并设置不同的指标权重，比较分析四个国家级试验区在不同权重标准下城市发展水平，为城市发展的方向提供依据。① 孟斌等在构建评价基础指标体系的前提下，用基尼系数法和偏相关法对指标进行二次筛选，剔除鉴别能力弱和冗余指标后，得到更为精简有效的指标体系。② 臧鑫宇等在比较国内外生态城建设标准的基础上，将绿色街区可持续发展指标分为基本层、核心层和弹性层，并提出每层指标包含的具体内容和要求。③ 目前国内可持续发展指标研究偏重于权重的设置和结果的测量，其中应用较多的为层次分析(AHP)、熵权法、因子分析法等。也存在引入目前国外的研究方法例如用驱动力—压力—状态—影响—响应、人类发展指数对城市可持续发展水平进行评价，这些方法的使用有利于实现中国城市可持续发展的测度与国际接轨。

总体来说，国外对可持续发展指标体系的研究更关注于构建方法，并对指标体系的现实意义进行了较多论述。国内研究更偏重于对特定城市或城市群可持续发展水平的测量，通常将指标体系构建和测量结果放在一起研究。最初可持续发展指标多由专家制定，并且更多关注于指标的测量技术，这种偏向性容易导致研究同地方政策之间的联系脱节。有必要加强可持续发展指标和城市管理实践之间的联系，即需要增添一些自下而上反映地方现实的可持续发展研究。另外，指标测量的方法和标准

---

① 参见张晓彤、姚娜、张茜：《构建国家可持续发展实验区评估工具的研究》，《中国人口·资源与环境》，2018 年第 9 期。

② 参见孟斌、匡海波、骆嘉琪：《基于显著性差异的经济社会发展评价指标筛选模型及应用》，《科研管理》，2018 年第 11 期。

③ 参见臧鑫宇、王峤、陈天：《生态城绿色街区可持续发展指标系统构建》，《城市规划》，2017 年第 10 期。

应该是科学、可对照的,同城市发展动态相对应;但是当前国还相对缺乏跨地域甚至跨国界的城市可持续发展水平的比较,受制于数据的连续获取性,长期动态可持续发展指标构建与测度也显得不足。

四、城市可持续发展评估的核心内容

(一) 城市可持续发展评估的要点和原则

城市可持续发展评估是为了反映城市以往运行的效率、未来增长的潜能和隐含的瓶颈制约,其中指标评估因为具备全面、易操作、可比较的优点,已经成为当前最为通用的评估方法。评估包括两个核心内容:一是判断城市在环境、经济和社会各个维度是否是可持续的;二是评估城市对外围区域的直接和间接外部影响及依赖性。例如作为评价的标准,墨尔本城市规划者界定了长期可持续发展的战略目标:(1)联通和有保障的城市;(2)创新和有活力的商业城市;(3)包容和参与性的城市;(4)承担环境责任的城市。① 可持续发展是带有传导和互动性的概念,要考虑到压力—状态—响应机制之间的因果联系,同时,为体现可持续发展动态包容特点,公众参与也是必不可少的。因此,总结评估中应当注意的内容是:"(1)综合考虑经济、环境、社会和制度问题,以及它们之间联系与独立性;(2)公众参与;(3)考虑到当前行为的未来影响;(4)提出和评价预防的措施;(5)考虑到代际和代内公平。"②并且,为突破路径依赖,可持续发展指标及测度结果不应当只反映现状,而且要更多使用前瞻性的方法,检验拟定的政策目标是否能够实现。

---

① 参见 Cohen M.A.,"Systematic Review of Urban Sustainability Assessment Literature", *Sustainability*,2017,Vol.9,No.11,pp.1-16。

② Mori K.,Christodoulou A.,"Review of Sustainability Indices and Indicators:Towards a New City Sustainability Index(CSI)",*Environmental Impact Assessment Review*,2012,Vol.32,No.1,p.96.

可持续发展指标体系必须是清晰、简明、科学合理以及可复制的，指标结果能够科学反馈到城市管理中。基于管理任务的划分，指标选择应体现各部门之间的相互责任关系，为政府发现相关政策实施责任部门提供有价值信息，从而起到指导城市向可持续方向发展的作用。并且，在不同的发展阶段，指标的重要度也有可能是不同的，由此决定了政策导向下指标构建和城市建设的优先顺序。指标测量结果并非都具有均匀线性的含义，指标重要度有绝对和相对的区分，在不同情境之下指标水平升降的边际意义也是不同的，所以应该注意单个指标对城市可持续发展的门槛和乘数放大效应。例如，环境可持续发展程度具有门槛效应、城市之间不可比较，而经济社会水平是可以度量和对比的。必须从各个方面衡量城市可持续发展，因此，如果城市在环境的某个单项指标上不达标，即使该城市在其他指标上是合格的也不应该被视为可持续发展城市。

城市具有环境的负外部性，依赖的外部资源中大部分是不可再生的，并且向外排出自然界不能吸收的废弃物，这类物质如果不被妥善处理就会产生外在的不可持续性。在关注于城市对外直接泄漏和依赖效应的同时，城市通过商品贸易和消费产生的非直接溢出效应也必须被考虑在内，因为这些消费品中隐含着对其他地区资源环境的消耗。为控制人类行为跨疆界的社会和环境影响，在评估可持续发展度时必须将城市与其他区域以贸易的形式联系在一起。但是现存的城市可持续发展指标体系往往忽视这些直接和间接的溢出效应。实际上可以用生态赤字、生态足迹和生态承载力等不同的方法衡量城市发展的外部效应；隐含碳、虚拟水的方法也是评估间接外部效应的有效途径，即从生态环境的维度出发，将商品贸易等价于内在的碳和水的交易。在量化人类活动资源环境影响的基础上，产权界定是化解公共物品外部性的有效方法，例如可以通过市场化的环境产权交易实现生态保护的目标。①

① 参见刘航、温宗国：《环境权益交易制度体系构建研究》，《中国特色社会主义研究》，2018 年第 4 期。

（二）城市可持续发展评估中存在的障碍

从指标构建角度总结当前障碍存在于：指标含义的不明确、地方化问题难处理，在标选取中过分注重环境可持续发展、对经济和社会可持续发展研究不足，公众参与度不够、指标数量过多等。从评估数据的科学性和适应性角度出发，克洛普（Klopp）和佩特塔（Petretta）认为城市可持续发展指标构建和度量中存在三个挑战："（1）缺乏标准化、开放和可对照的数据；（2）缺乏专业的收集指标数据的管理机构；（3）存在地方化问题，即在不同城市中实现可持续发展目标需要注意到特定的背景"①。指标科学评估的前提是获得完整和统一的指标数据，运用适当的方法对指标赋权，依据政策需要得到各类针对性的评估结果。但是，评估过程中最为重要的缺陷为：评估标准不统一，缺乏可实施性，指标构建目标和现有政策之间存在冲突，数据不可获得和目标无法量化等。评估标准不统一除了反映在指标类型外，还反映在指标量化尺度方面。其中突出问题的是：可持续发展时间的设定标准不统一，大部分研究的时间范围都显得不够长。② 因此有必要对每个指标都设定时间范围及目标水平，进行短、中、长各个时间阶段内可持续发展度的对照评估。

城市社会维度的可持续发展测量是当前指标评估的薄弱环节，原因在于除了需考察的指标众多、难以逐个量化分析之外，还有必要结合当地情况，在各方的参与下制定目标。在不同的经济和资源环境条件下，社会建设的难易程度、人群的生活需要都存在差异，因此不能用相同的指标体系和标准度量城市社会发展水平。从主观角度讲，社会可持续发展水平测量的阻碍在于目标不明确、评价容易限制在一定区域或人群范围内，因此可能存在利益冲突和被人为操控的风险。指标的设定和评估必须是客观科学的，有坚实的现实基础、以数据和事实为支撑，具备影响管理者决

① Klopp J.M., Petretta D.L., "The Urban Sustainable Development Goal: Indicators, Complexity and the Politics of Measuring Cities", *Cities*, 2017, No.63, p.96.

② 参见 Handoh I., Hidaka T., "On the Timescales of Sustainability and Future Ability", *Futures*, 2010, No.42, p.743。

策的能力。但是当前指标选取和评估过程中存在过于理论化或严格方法导向两个问题，过于理论化将使研究达不到实践层面，过于强调方法、太集中于数据处理过程将会分散对测量结果的注意。需要推进理论研究者和政府管理部门有机结合，使研究成果既具有理论科学意义，又兼顾实践价值。

五、总　结

城市可持续发展指标构建与评估有助于向政策制定者和公众提示当前的状况，存在的优劣势和需要强调的重点领域。借助指标结果，政府相关责任部门可以了解以往可持续发展城市的建设绩效，明确政策实施方向、各部门之间的责任关系。通过对现有政策绩效的评估，对未来发展趋势的预测，指标体系及结果可以检验政策效果，并为城市管理者下一阶段政策目标的制定提供依据。需要注意指标体系的代表性意义，必须是可理解、可量化、政府和非政府组织都可以考虑到的。并且，指标体系作为评估工具只是对政策制定起到提示和检验的功能，其效用的发挥还要求管理部门在依据指标结果制定政策时，政策工具的选择必须有信服力、有合法的执行程序、有科学的执行依据。能够结合自上而下和自下而上的方法，形成与相关利益群体和公众之间的协商以提高政策的针对性。评估结果的政策意义应当是连续性的，动态的指标水平评估可以使政府管理部门检验以往政策的效果，为未来政策制定和实施提供参考；适应性管理的原则使可持续发展目标的取得不只是一个固定的线性过程，管理方法和政策应随着技术及环境的变化而不断地调整。

在依据评估结果进行城市管理的过程中，可持续发展水平高低本身不仅可以提示城市现状及需求，而且可以此溯源，对影响可持续发展水平的各因素（如人口、地理位置、资本、产业、技术水平）进行分类研究，从而针对不同城市制定更为精细化的政策。① 指标体系地方化的特点决定了:指标体系可以同各个层面的政府规划相联系,从高层战略规划到基层实际执行,管理者可以依据指标结果在预算范围内制定各级行动方案。在实际测量中,动态指标体系及结果可以反向评估政策工具是否促进了目标的实现,以及以往的政策方案是否仍旧有效。为了得到清晰的对照结果,这类评估可以采取区域横向和时间纵向相结合的方法,例如使用双重差分法进行政策效果检验。总体上,尽管可持续发展指标不能都直接转化为政策目标,但是却可以证实现状并且转变管理者的观念。通过可持续发展指标体系的构建和评估,公众将对城市产生更加客观的定位和更为理性的预期。借助指标体系时空维度的量化比较,认识到当前城市存在的薄弱环节、未来需要重点改善提升的领域,从而为低成本、高效率地建设可持续发展城市指明方向。

① 参见 Zoeteman K., Mommaas H., Dagevos J.,"Are Larger Cities More Sustainable? Lessons From Integrated Sustainability Monitoring in 403 Dutch Municipalities", *Environmental Development*, 2016, No.17, pp.57-72。

第七章　城市双向可持续发展指标体系构建与分析

城市是汇集人类活动的主要场所，城市化的快速推进对城市生态承载能力及可持续水平提出更高要求。具体来说，城市可持续发展包括可持续交通、可负担的房价、可再生能源和废弃物管理、清洁技术、绿色税收等。在当今中国，与城市管理服务相关的软环境、与设施建设相关的硬环境是城市化过程中迫切需要重视的问题，尤其是贫富差距、交通拥堵、环境破坏等矛盾的涌现使得城市可持续发展成为学术界研究的重点。为实施科学管理，常用和有效的方法是通过可持续发展指标的制定，实现对可持续发展描述、解释、评价、监测、预警功能，进而依据问题提出能够促进城市可持续发展的方针策略。① 可持续发展指标体系内容同指标制定者角色定位、对可持续发展概念及范围的界定、调查所在区域密切相关。整体来说，可持续发展的维度存在从生态环境向经济、社会、治理扩展的趋势，同时城市各维度之间不应该存在相互抵消的现象，需要兼顾公平和效率的原则，使各维度呈现协调互补性，依赖于聚集效应提高经济和社会利益，并降低对生态资源的损耗。

以往存在较多的是自上而下由管理者或专家制定可持续发展指标，并在国内外形成多个版本、具有不同侧重点的可持续发展指标体系。在实践中，自上而下的可持续发展指标也得到了广泛的应用，成为衡量各个

① 参见朱启贵：《可持续发展评估》，上海财经大学出版社 1999 年版，第 283 页。

国家和地区可持续发展水平的重要工具。然而钱伯斯(Chambers)认为:“如果仅仅依据一些机构的需求选择指标数据,这种自上而下的过程将会忽略地方社会成员的意愿,并且难以发现地方化的关键因素。”①或者说,国家层面上的自上而下地制定指标数据,容易忽略地方层面的可持续发展问题,不能准确衡量对于地方社会来说重要的方面。尽管研究者在指标框架和指标集的选取的过程中,会尽可能地避免主观价值判断和文化因素的影响,但综合指标依然或多或少地承载了人们固有的价值观念和主观情感。② 与此同时,个体是选择和行动的最终实体,对任何社会过程的理解都必须建立在对过程参与者行为分析基础之上,因此可持续发展指标制定和评测应当是一个有针对性、开放和包容的过程。

一、双向可持续发展指标制定的意义与文献回顾

实际上,可持续发展指标体系不仅可以用作政府治理,而且可以用于社会协商,为城市公共价值观的形成创造条件,通过社会语言或准则工具,提升协商交流主体之间达成共识的可能性。因此,当前学术界的一种看法是需要在可持续发展指标制定中引入公众参与,即自下而上地由公众界定研究框架和可持续发展指标集,并以此制定贴近民生的公共政策。这种方案具有以下优势:第一,是实用性。由于自上而下的指标不能确保同当地社会的实际情况相符,地方群众参与可以确保指标衡量的内容的

① Chambers R.,“Participatory Rural Appraisal PRA:Analysis of Experience”,*World Development*,1994,Vol.22,No.9,p.1266.

② 参见曹斌、林剑艺、崔胜辉:《可持续发展评价指标体系研究综述》,《环境科学与技术》,2010年第3期。

针对性,并能够随着时间、环境的变化而进化发展。[①] 因此为获取同地方相关和有意义的观点,必须将社会成员纳入研究过程中。

第二,地方参与能够提高社会群体处理预期事务的能力,即具有显著的社会成员教育引导意义。参与或协商的办法强调了解地方背景对目标设定和问题提出的重要性,能够使可持续发展管理成为社会成员和研究者相互促进学习的过程,从而产生和当地社会相联系的新知识和激励机制。[②] 第三,有助于建立更加包容和差异化的指标体系。对于城市可持续发展的认识和需求,不同社会群体之间存在差异,例如不同收入、年龄段的居民因其生活经历、教育程度差异会产生对可持续发展指标选择的差异。如何辨析各类人群的需求,从而建立更加包容性的可持续发展指标也是迫切需要研究的问题之一。总之,需要用自下而上的方法从草根层的视角发现问题、表达地方社会的意见,强调可持续发展指标识别发现问题的功能,从而设定区域层面的可持续发展目标和管理方案。

然而值得注意的是:尽管自下而上的制定方法存在诸多优势,但仍然需要强调专家指导的重要性,通过公众制定的指标有可能不够精确和全面,存在一定程度上的群体偏向而不能直接用于可持续发展管理。与此同时,由于社会环境的易于改变的特征,弗雷泽(Fraser)等认为"公众参与的可持续发展指标选择结果必须直接快速地反映到规划制定过程中才有效"[③]。因此存在一些要求综合这两种方案的主张,即专

---

① 参见 Bell S., Morse S.,"Experiences with Sustainability Indicators and Stakeholder Participation:a Case Study Relating to a Blue Plan Project in Malta", *Sustainable Development*, 2004, No.12, pp.1-14。

② 参见 Freebairn D.M., King C., A."Reflections on Collectively Working Toward Sustainability:Indicators for Indicators", *Australian Journal of Experimental Agriculture*, 2003, Vol.43, No.3, pp.223-238。

③ Fraser E., Dougill A.J., Mabee W., Reed M.S., Mc-Alpine P.,"Bottom up and Top Down:Analysis of Participatory Processes for Sustainability Indicator Identification as a Pathway to Community Empowerment and Sustainable Environmental Management", *Journal of Environmental Management*, 2006, Vol.78, No.2, pp.126.

家学者和社会公众双向互动，通过反复反馈的过程达到对指标体系范围确定、目标策略设定的目的。专家学者对指标的实证质量检验可以在保留指标的社会属性的同时，提高指标的有效性，使公众在对照当地社会、经济、环境的背景下进行相关知识的分享。这种双向的方法特别适用于环境快速变化、相应的地方化知识并不能充分指导社会成员的情况，研究者与公众的互动，能够澄清问题并更好地进行可持续发展管理。马利特（Marletto）等提出共同协商得出的重要性指标体系的优势在于："避免因为目标泛化而分散管理者注意力，有利于制定兼顾各类社会群体利益的政策体系"①。总之，自下而上的方法更适合于地方层面的问题解决，而自上而下的方法更合适于全国或全球性的对照研究。当前可持续发展指标构建的新趋势是：综合自上而下和自下而上的方法，指标体系可由专家定义、构造和评估，而具体指标的选择依赖于社会和政策偏好。

当前国内可持续发展的指标设定大多采用专家制定的方法，研究的侧重点在于使用各种统计方法对指标进行评价。也有学者通过调查问卷的形式向社会征求意见，例如甘琳等采用了有选择性地发问卷的形式征求项目评价重要性指标体系。② 张自然根据专家制定的指标，运用主成分分析方法对我国 1990—2011 年 264 个地级城市进行评价。③ 郭存芝等采用主观权重和客观权重相结合的办法生成 DEA 输入和输出综合发展指标，对我国 20 个资源型城市进行可持续发展评价。④ 邸玉娜在结构

---

① Marletto G., Mameli F., Pieralice E., "Top-down and Bottom-up Testing a Mixed Approach to the Generation of Priorities for Sustainable Urban Mobility", *Journal of Law and Economics*, 2015, Vol.46, No.1, p.261.

② 参见甘琳、申立银、傅鸿源：《基于可持续发展的基础设施项目评价指标体系的研究》，《土木工程学报》，2009 年第 11 期。

③ 参见张自然等：《1990~2011 年中国城市可持续发展评价》，《金融评论》，2014 年第 5 期。

④ 参见郭存芝、彭泽怡、丁继强：《可持续发展综合评价的 DEA 指标构建》，《中国人口·资源与环境》，2016 年第 3 期。

上采用自上而下决策树的办法确定了包容性发展指标体系，在以往环境、社会、经济指标的基础上，重点加入了同教育、分配、基础设施等相关的机会平等指标并进行了区域量化分析。①

总体来说，当前国内学者较少使用自下而上或双向的可持续发展指标制定方法，还不善于通过民意的征求分析社会发展动向。国外学者对自下而上的可持续指标制定或双向方法虽然进行了较多的讨论，但是较少进行实践操作尤其是对城市可持续发展指数的研究。因此这一部分的创新点是：采用专家制定指标范围和公众参与指标选取的双向反馈的方法确定可持续发展指标。并依据人群属性（年龄、性别、学历、收入等）进行分类研究，得到不同人群的指标偏好，建立更加包容性的、以人为本的城市可持续发展指标体系，为建设惠及广大居民的可持续发展城市提供现实依据。

二、双向发展指标的选取与重要度分析

鉴于专家和社会公众在可持续发展指标选取中的不同作用，应采取自下而上与自上而下相结合的方法确定可持续发展指标体系，具体过程如图 7-1 所示。首先，组成专家组提出城市可持续发展指标框架并进行试调研。其次，组织召开包括不同社会群体代表的焦点小组会议，对可持续发展指标的范围、侧重点以及指标制定中需要注意的事项进行讨论，形成预设定的指标体系并以调查问卷的形式征求公众意见。最后，由专家组对结果进行统计分析，依据受访者给出的结论并结合现实情况，确定可持续发展指标体系。

由于公众参与的方法带有一定的地域性质，即在不同的社会和文化

① 参见邸玉娜：《中国实现包容性发展的内涵、测度与战略》，《经济问题探索》，2016 年第 2 期。

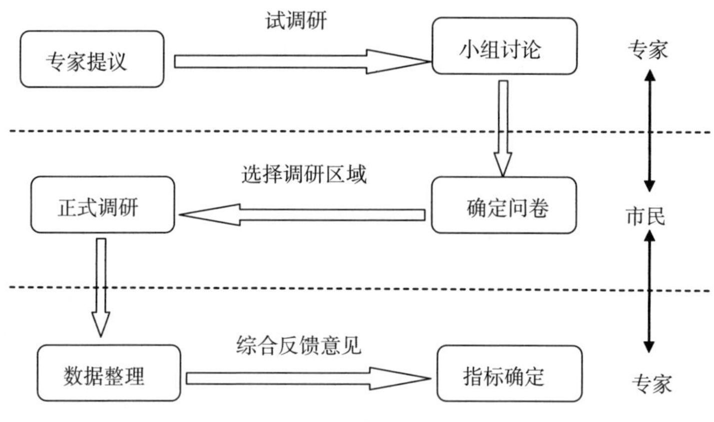

图 7-1　双向城市可持续发展指标流程图

背景下,公众对可持续发展的认识存在差异。为发现和解决现实问题,作者将问卷调查聚焦于具体的、有代表性的局部范围。河南省处于中部地区,人均 GDP 处于全国中等水平,对该地区的调查能够在一定程度上反映该地区人群对于可持续发展的认知。数据来源于河南大学和美国哥伦比亚大学国际合作项目,项目团队选取了河南省三个代表城市,分别是省会郑州、矿业城市平顶山、农业城市驻马店,每个城市发放 1010 份问卷,共收回有效问卷 3024 份。由于是征求意见式的指标选取,问卷中列出的指标体系并不全都可以直接量化,例如制度公平、养老设施、医疗保障等还属于目标层指标。目的在于依据指标重要的评价界定城市可持续发展核心指标体系,分析人群敏感度差异,完成可持续发展指标体系的问题识别和政策提示功能。由于这三个城市相互接壤,在经济和文化上存在一些共同之处,指标重要度的选择也没有显著差异。同一指标城市间的重要度方差明显低于指标间重要度方差,后者与前者平均值的比值即 F 值为 28.7(见表 7-1),对于 50 个具体指标来说,这一比值在 5.51—674 之间,即通过了 F 显著性检验。因此,有理由将三个城市合并研究。调研人群结构如表 7-1 所示。

表 7-1　调研人群结构表

属性	分类	比重	属性	分类	比重
性别	男	0.51	户籍	城市	0.55
	女	0.49		农村	0.45
年龄	青(15—35)	0.41	学历	高中以下	0.54
	中(35—55)	0.44		本专科	0.44
	老(55—85)	0.15		研究生	0.02
居住(年)	短期(0—5)	0.25	收入(万元)	低(0—3)	0.24
	中期(5—20)	0.40		中(3—6)	0.46
	长期(20—　)	0.35		高(6—　)	0—30
婚姻	未婚	0.41		已婚	0.59

根据问卷内容设计,将选项“很重要”设为3,“重要”设为2,“一般”设为1,“不重要”设为0。指标重要性统计结果如表所示,50个指标中38个进入被选取范围(重要性得分大于2,如表7-2所示),另有12个被公众排除在外(如表7-3所示)。其中被排除的大部分为经济和社会指标,由此说明专家提出的指标不一定会被特定地区的群众接受,群众观点受到生活环境和认识程度的影响。图7-2显示了各项指标的均值,各指标选项具有一定的集中度,最高选项值频率在1116—2258之间,即每个指标都有1/3以上受访者选择同一答案,各指标的标准差也处于较低水平,说明公众选择结果存在相当程度的一致性,在大样本下均值是稳定可信的。

总体来说,在调研所选取的城市中,社会和治理指标受到较高的关注度,前10位各自占了4个。社会方面,教育资源、健康、就业重要度靠前一些,其中教育资源的重要度在所有指标中排第一,即同居民当前生活状况与预期发展机会相关的社会指标被认为是最重要的因素。相对而言,受访者较为关心治理方面的公平和效率,同治理相关的指标不多但大多处于靠前的位置,特别是法律公平和腐败、政府效率分别排在所有指标的

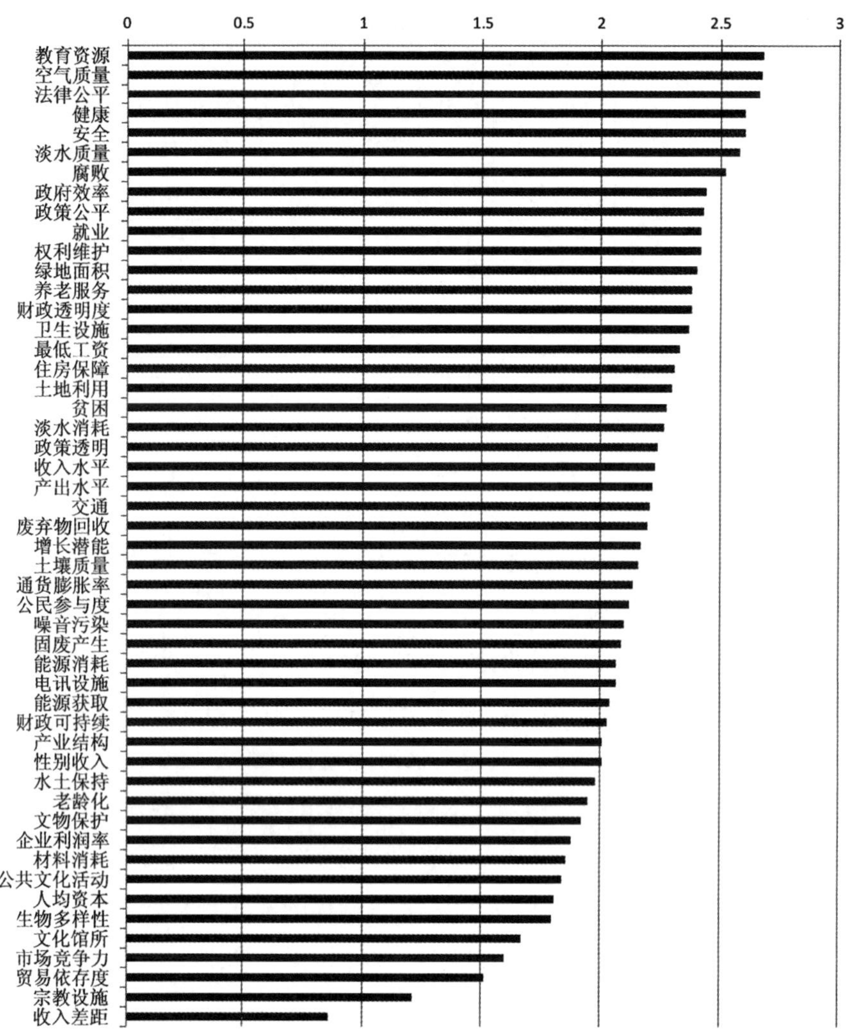

图 7-2　可持续发展指标重要度排序

第 3 位、第 7 位、第 8 位，这说明政府科学管理是维护城市和谐可持续的前提条件。环境指标也被给予了较高的重要性评价，尤其是空气质量、淡水质量、绿地面积等指标排序靠前，如表 7-2 所示，13 个环境指标有 10 个被认为是应当入选的重要指标，只有材料消耗、水土保持、生物多样性指标受访者不太了解或是认为同自己的生活没有直接联系，给了平均不重要的分值（表 7-3）。

所调查的经济指标重要度整体靠后一些，并且相当一部分被认为是不太重要，需要被排除在指标体系之外的（表 7-2）。例如人均资本、企业利润水平、市场竞争度、贸易依存度等，原因在于一方面被调查区域近些年经济平稳较快增长，居民对经济领域有较乐观的预期。另一方面，这些指标大多同国家宏观经济运行相关联，不如人均收入水平、增长潜能、财政可持续等指标易于理解而处于普通公众的视野之外。相对来说同居民生活直接相关的指标如工资收入水平、通货膨胀被认为是较为重要的。另外社会指标中虽然有相当一部分进入了重要的范围之内，但是如表 7-3 所示，同文化传承、文物保护相关的一些指标被列在指标重要性清单的末端。由此说明了在所调查的地区，居民平均文化程度不高的情况下，他们对于文化的传承与保护，以及自身的文化生活没有特别重视，而物质水平和生态环境普遍被认为是更为重要的。从重要度排序中可以看到，公众认为某些指标不重要可能与收入水平、知识层次有关，同时也关系到受访者的考虑角度。对于被评价为不重要的指标只能说在当前阶段被相对忽视，不能完全依照自下而上的评价方法直接删去，仍需在论证其背景和性质后决定。因此参考专家组意见仍选取部分重要程度不达标的指标，例如企业利润水平、贸易依存度、文物保护、公共文化活动、老龄化、生物多样性进行后续研究。

表 7-2　各维度依据重要度入选的指标

环境	指标名称	空气质量	淡水质量	绿地面积	土地利用	淡水消耗	废弃物回收	土壤质量	
	分值	2.67	2.58	2.4	2.3	2.27	2.2	2.16	
	标准差	0.61	0.65	0.81	0.84	0.81	0.93	0.89	
	指标名称	噪音污染	固废产生	能源消耗					
	分值	2.1	2.09	2.07					
	标准差	0.83	0.88	0.87					

续表

经济	指标名称	最低工资	收入水平	产出水平	增长潜能	通货膨胀	财政可持续	产业结构	
	分值	2.33	2.23	2.22	2.17	2.14	2.03	2.01	
	标准差	0.90	0.80	0.76	0.85	1.00	0.97	0.94	
社会	指标名称	教育资源	健康	安全	就业	养老服务	卫生设施	住房保障	
	分值	2.68	2.6	2.6	2.42	2.38	2.37	2.31	
	标准差	0.60	0.65	0.65	0.72	0.76	0.73	0.77	
	指标名称	贫困	交通	收入差距	电讯设施	能源获取	性别收入		
	分值	2.28	2.21	0.86	2.07	2.04	2.01		
	标准差	0.84	0.79	1.17	0.87	0.88	1.07		
治理	指标名称	法律公平	腐败	政府效率	权利维护	政策公平	财政透明度	政策透明	公民参与
	分值	2.66	2.52	2.44	2.42	2.43	2.38	2.24	2.12
	标准差	0.66	0.81	0.80	0.76	0.78	0.88	0.92	0.84

表 7-3　各维度依据重要度排除的指标

环境	指标名	水土保持	材料消耗	生物多样性		
	分值	1.98	1.86	1.8		
	标准差	0.94	0.89	0.97		
经济	指标名	企业利润	人均资本	市场竞争力	贸易依存度	
	分值	1.88	1.81	1.6	1.51	
	标准差	1.03	0.96	1.09	1.16	
社会	指标名	老龄化	文物保护	公共文化	文化馆所	宗教设施
	分值	1.95	1.92	1.84	1.67	1.21
	标准差	0.89	0.92	0.86	0.92	0.93

横向分析城市之间的差异发现,省会郑州和煤炭城市平顶山居民都把空气质量作为首要关系可持续发展的问题,郑州的污染主要来源于机

动车排放,平顶山来源于煤炭生产加工。近期矿业企业下岗职工偏多,因此平顶山同生存保障相关的指标“就业”和“最低工资水平”的排序显著高于其他城市,另外对于社会分配公平项“收入差距”也更为关注。农区城市驻马店居民由于本地缺乏高等院校,最为关心的是教育资源;并且驻马店居民相对于其他城市更为关注政策公平,这同传统农区社会居民维权能力相对低,对公平治理有更高的期望值有关。省会郑州由于人口稠密、经济活动多,环境承载压力大,居民对自己生存的生态环境更为关注,空气质量、淡水质量、废水处理、绿地面积等指标排序高于其他城市,对改善城市交通的要求也更为迫切。与此相对应,郑州经济基础较好,居民对经济发展有信心,因此收入水平、增长潜能、人均资本等项的重要度排序落后于其他两个城市。整体而言,三个城市指标排序的结果基本一致,有不少单个指标横向看在同一水平位置,既反映了所调研的省份各地区人群态度基本相近,也反映了本次调研结果的可信度高。

三、指标重要度和人群属性的偏相关分析

为了更加明确地描述各人群属性和指标重要度之间的关系,需制定满足各类人偏好的规则。以下进行了偏相关分析,偏相关的目的在于排除其他人群属性对于指标相关度的间接干扰。例如在研究学历同淡水质量重要度关系的时候,控制其他与学历显著相关的因素如“收入”“年龄”等,就使得结果更加精确和易于解释。在相关性分析中假定男性为1,女性为0;城市户籍为1,农村户籍为0;已婚为1,未婚为0,其他各项按问卷统计结果赋值。各人群属性中,年龄、收入和婚姻同其他人群属性相关度较为显著,在分析这些因素同可持续发展指标之间关系时需要控制其他因素(表7-4第2行所示)。统计了同具体指标显著相关的人群属性,显著频率如图7-3所示:从各人群属性来看,同可持续发展指标认识相关性较高的人群属性是年龄(显著频率32)、学历(显著频率31)、收入(显

著频率 17)，说明同学习生活经历、生存状态相联系的个体特征是决定受访者可持续发展认知的关键因素。相反，性别、户籍、居住年限、婚否四个因素影响较小，显著性频率分别为 10、8、9、8。

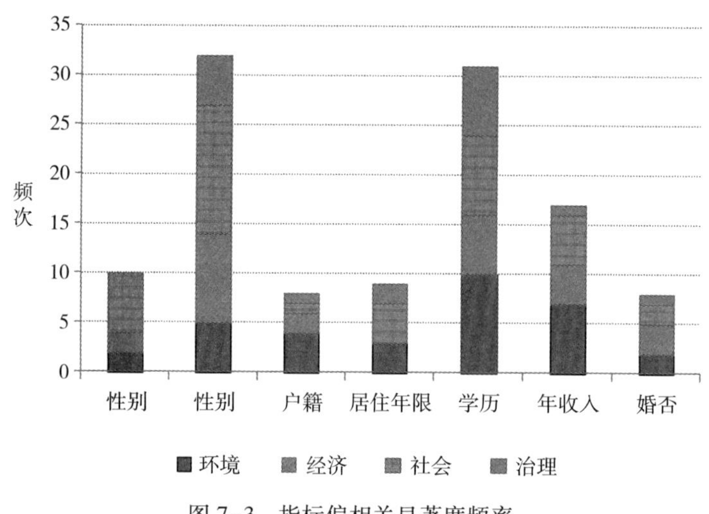

图 7-3　指标偏相关显著度频率

鉴于篇幅有限，文中按照相关度由高到低只列出与各人群特征相关的前 15 个指标(如表 7-4 所示)。同年龄和学历显著相关的指标数量最多，其中相对于年长人群，年轻人普遍认为各项指标的重要度更高，尤其和经济社会相关的指标例如贸易依存度、收入水平、企业利润率、住房保障等，反映了年轻人更关注于经济的发展，这些指标与其今后的生活水平息息相关。而年长者更关心养老服务、水土环境，即对当前的生活质量更为重视。学历一项中，除了住房保障，其他指标都表现出高学历者的重视度高于低学历者，并且和年轻人更注重收入和资本等实物内容不同，高学历者更加重视反映城市可持续发展潜能的指标，例如产业结构、政府效率、增长潜能、能源消耗等。反映出高学历者对城市长期可持续发展的认识度和关注度更高。收入也是显著性指标数量较多的一项，在控制年龄、学历因素后，普遍反映出高收入者的指标关注度高于低收入者。高收入者对于土地利用、空气质量、绿地面积、交通等和生活环境相关的指标重视度更高，相对来说，低收入者更加关心收入差距、政府效率等内容，反映出低收入者期望在政府政策的支持下摆脱低收入状况。另外，高收入者对通货膨胀也有较高的重视度，说明被调研地区的居民收入整体相对有限，即便高收入者也对生活消费品价格有较高的敏感度。

表 7-4　人群属性和指标的偏相关结果

性别	相关度	年龄	相关度	户籍	相关度	居住年限	相关度
控制：收入		控制：户籍、居住年限、学历、收入、婚否		控制：年龄、居住年限、学历、收入、婚否		控制：年龄、户籍、收入、婚否	
教育资源	-0.052***	贸易依存度	-0.106***	法律公平	-0.051***	养老服务	0.054***
噪音污染	-0.046**	最低工资	-0.085***	土地利用	-0.049***	废弃物回收	-0.035**
健康	-0.045**	法律公平	-0.083***	最低工资	0.048**	法律公平	0.035**
交通	-0.039**	住房保障	-0.072***	企业利润	0.034*	噪音污染	0.033**
养老服务	-0.037**	收入水平	-0.068***	土壤质量	-0.033*	就业	0.033**
卫生设施	-0.036**	性别收入	-0.066***	噪音污染	0.032*	绿地面积	-0.032**
性别收入	-0.035*	贫困	-0.065***	能源获取	0.031*	政策透明	0.031**
能源消耗	-0.033*	企业利润	-0.064***	淡水质量	-0.030*	教育资源	-0.030*
财政可持续	0.033*	就业	-0.062***	通货膨胀	0.025	卫生设施	-0.030*
电讯设施	-0.032*	健康	-0.061***	绿地面积	0.024	社会安全	-0.029
淡水质量	-0.027	财政可持续	-0.059***	贸易依存度	-0.024	收入水平	0.028
生物多样性	-0.025	通货膨胀率	-0.057***	卫生设施	0.022	财政透明	0.026
固废产生	-0.025	文物保护	-0.056***	收入差距	0.021	土壤质量	0.025
产业结构	0.024	权利维护	-0.054***	废弃物回收	-0.019	产出水平	0.025
贫困	0.022	产业结构	-0.051***	产业结构	-0.018	公共文化	0.019

续表

性别	相关度	年龄	相关度	户籍	相关度	居住年限	相关度
权利维护	0.021	增长潜能	-0.050***	电讯设施	-0.018	住房保障	-0.019
空气质量	-0.020	绿地面积	-0.049**	产出水平	0.015	权利维护	-0.019
老龄化	-0.019	废弃物回收	-0.046**	老龄化	0.013	生物多样性	-0.018
能源获取	-0.018	能源获取	-0.044**	能源消耗	0.012	电讯设施	-0.017
住房保障	-0.018	卫生设施	0.044**	教育资源	-0.011	企业利润率	-0.015

在控制收入、年龄等因素后,婚姻和性别指标反映出未婚者重视度高于已婚者,女性的重视度高于男性。未婚者更关注文物保护、经济贸易、文化活动等内容,而已婚者更重视腐败、绿地面积、教育资源等和生存环境相关的现实问题。相对来说,女性更关心教育资源、噪音污染、健康等内容,男性更关心产业结构、贫困等,说明女性对于生存环境更为重视,男性更关注于收入来源。户籍和居住年限的显著性指标数量相对少,反映出这两项的决定作用相对较弱,但也存在长期居住者更关心养老服务和法律公平;城市户籍人口更关心收入水平和能源供给,而非城市户籍者更关注法律公平和水土质量等的倾向,非城市户籍人群在缺乏社会体制保障的前提下,在城市中生活对于制度公平更加重视,并且非城市户籍人口多来自农村,对城市中的土地和水资源污染更加敏感,因此在未来,城市污染问题解决不好也可能直接阻碍城市化进程。

续表 7-4　人群属性和指标的偏相关结果

学历	相关度	收入	相关度	婚否	相关度
控制:年龄、户籍、收入、婚否		控制:性别、年龄、户籍、居住年限、学历、婚否		控制:年龄、户籍、居住年限、收入、婚否	
产业结构	0.147***	土地利用	0.058***	文物保护	-0.068***
生物多样性	0.143***	通货膨胀率	0.058***	腐败	0.067***

续表

学历	相关度	收入	相关度	婚否	相关度
政府效率	0.133***	产业结构	0.051***	企业利润率	-0.045**
政策公平	0.122***	空气质量	0.049***	贸易依存度	-0.041**
增长潜能	0.115***	绿地面积	0.047**	公共文化	-0.039**
能源消耗	0.113***	交通	0.045**	产业结构	-0.033*
废弃物回收	0.112***	土壤质量	0.042**	土壤质量	0.030*
绿地面积	0.097***	教育资源	0.042**	能源消耗	-0.030*
土壤质量	0.093***	废弃物回收	0.040**	绿地面积	0.028
公民参与度	0.093***	权利维护	0.037**	废弃物回收	-0.027
淡水质量	0.088***	增长潜能	0.036**	交通	-0.027
土地利用	0.083***	生物多样性	0.035*	能源获取	-0.026
通货膨胀率	0.080***	卫生设施	0.034*	噪音污染	0.021
财政透明	0.078***	财政可持续	0.033*	教育资源	0.020
财政可持续	0.078***	养老服务	0.033*	政策公平	0.019
就业	0.077***	淡水质量	0.032*	老龄化	-0.018
淡水消耗	0.076***	社会安全	0.031*	收入水平	0.017
腐败	0.071***	收入差距	-0.029	财政可持续	-0.016
能源获取	0.068***	法律公平	0.029	淡水质量	-0.016
法律公平	0.066***	收入水平	0.028	固废产生	-0.015

注：* 代表10%的显著度，** 代表5%的显著度，*** 代表1%的显著度。

四、指标综合差异度的多项 logistic 分析

为进一步检验城市环境、经济、社会、治理各维度的综合人群差异性态度，以下采取多项逻辑分析的方法进行回归，即将样本分为多类型进行

比较回归，从整体上检验各类人群对城市各维度可持续发展重要度的认识差异。因变量为各维度的重要度，重要度按照评价结果分两类，即相对重要和相对不重要。首先，需要排除个体主观评分倾向的干扰，对于单个受访样本求所有可持续指标取平均值 a，得到样本自身的重要度偏好，再纵向对所有样本的指标重要度取总体均值 b，a 与 b 的比值即为单个个体的评分倾向 i，该值越高说明样本自身有打高分的倾向；其次，对个体样本的环境、经济、社会、治理某一维度指标取均值，为消除主观倾向差异，将该个体均值除以评分倾向 i 得到实际均值；最后，将实际均值同该维度所有样本的总体均值进行比较，如果高于总体均值即为相对重要取值 1，相反低于均值即为相对不重要取值 0。自变量为人群属性，这里 n 取值 1 到 7，分别是性别、年龄、户籍、居住年限、学历、收入、婚否。按照表 7-1 的划分方法对变量进行分类取值：由于学历水平两端人数太少，回归中将人口按照学历分为：(1) 中低等学历水平，包括小学、初中、高中；(2) 高等学历水平，包括专科、本科、研究生学历。

回归结果如表 7-5 所示，四列分别列出环境、经济、社会、治理方面指标的人群重要度偏好，每类第一行为参照序列，第二、三行为比较序列。第一列为回归系数，第二列为显著度水平。第三项 exp 为相对倍率，即相对于参照序列的水平。按照性别分类，女性对环境可持续发展的敏感度显著高于男性，后者是前者 exp 值的 0.84 倍。经济方面相反，男性对于经济发展的各类指标关注度更高一些，社会和治理维度性别差异不明显。按照年龄层次划分，对城市可持续发展各维度的关注度按照青、中、老依次减弱，尤其在经济、社会和治理方面更为显著，青年人受过较多教育、需要有更好的发展空间，中年人担负更多的家庭责任，对将来有更高的预期，因此这两个群体对于城市可持续发展的重要度评分高于老年人。观察环境维度的年龄 exp 比值也存在相似的次序规律，但差异度检验不显著，说明各年龄段人群对于环境有相对一致的重要度认识。

表 7-5　四个综合维度的多项逻辑回归结果

分类	环境			经济			社会			治理		
	B	Sig	Exp	B	Sig	Exp	B	Sig	Exp	B	Sig	Exp
截距	-0.32^{***}	0.00		0.00	0.98		-0.12	0.27		0.14	0.19	
参照项:女性												
男性	-0.13^{*}	0.10	0.84	0.06	0.46	1.06	-0.01	0.89	0.98	-0.01	0.81	0.97
参照项:青年												
中年	-0.01	0.89	0.98	-0.44^{***}	0.00	0.65	-0.22^{**}	0.04	0.83	-0.20^{**}	0.02	0.8
老年	-0.15	0.23	0.86	-0.55^{***}	0.00	0.58	-0.26^{**}	0.03	0.79	-0.22^{**}	0.01	0.77
参照项:中低教育												
高等教育	0.55^{***}	0.00	1.51	0.42^{***}	0.00	1.39	0.28^{***}	0.00	1.35	0.31^{***}	0.00	1.36
参照项:短期居住												
中期居住	-0.06^{*}	0.09	0.83	0.05	0.58	0.94	-0.26^{*}	0.07	0.88	-0.03^{**}	0.01	0.77
长期居住	0.09^{*}	0.08	1.16	0.02	0.86	1.02	0.05	0.87	1.02	-0.25	0.68	0.95
参照项:低收入												
中等收入	0.24^{***}	0.00	1.27	0.25^{***}	0.01	1.28	0.14^{*}	0.09	1.15	0.23^{**}	0.05	1.26
高收入	0.28^{***}	0.01	1.32	0.26^{***}	0.01	1.31	0.12	0.29	1.06	-0.06	0.59	0.94
参照项:农村户籍												
城市户籍	0.01	0.87	1.01	0.04	0.64	1.04	0.03	0.68	1.04	0.09^{*}	0.10	1.14
参照项:未婚												
已婚	-0.14^{*}	0.10	0.87	-0.19^{**}	0.02	0.82	-0.02	0.80	0.98	0.09	0.32	1.09
Obs		3024			3024			3024			3024	
χ^2	$57^{***}(0.00)$			$103^{***}(0.00)$			$31^{***}(0.00)$			$54^{***}(0.00)$		

注：* 代表 10%的显著度，** 代表 5%的显著度，*** 代表 1%的显著度。

教育对于人群的分化影响最为显著,四个维度中受过高等教育人群对没受过高等教育人群的 exp 比值依次为 1.51、1.39、1.35、1.36,由此说明教育对于提高人群生活质量要求和社会责任感有显著功效。根据居住时间分类,基本存在中、短、长三个居住时期人群对城市可持续发展的关注度先下降后上升的趋势,特别是环境方面尤为显著,居住时间较短者(5 年以下)一般年纪较轻、对城市能给予的机会和自身生活环境有更高的要求,认为各项关系城市可持续发展的指标尤其是社会可持续发展相当重要;中期居住人群(5—20 年)基本适应并融入所在的城市社会,对城市发展过程中一些不科学的、不可持续的现象有相对高的容忍度,对指标重要度的评价相对较低;长期居住的人群(20 年以上)见证了城市的发展过程,有更强烈的城市主人的心态,并且有一定积蓄、更关注于自身的健康程度,对城市可持续发展尤其是生态环境的关注度有所回升。

居民收入项分为高中低三类,其中环境和经济两个维度人群重要度倾向明显呈现低收入、中等收入、高收入依次递增的规律。高收入人群这两项 exp 值分别是低收入人群的 1.32 和 1.31 倍,由此说明收入越高,对于生态环境和经济发展的要求越高。从社会和治理两个纬度观察,中等收入的指标重要性倾向仍显著高于低收入人群,但是高收入者的重视度与低收入者相比却没有明显的差异,对于包含了公平、透明、效率项的治理维度的重要度评价还有下降趋势,在一定程度上反映了高收入者获得更多的社会资源、处理事务的能力也更强,对于治理维度改进的要求要低于中低收入人群。

按照户籍分类,在城市居住的城市户籍和农村户籍居民对可持续发展重视度除了治理维度外没有明显差异,只是各项均值城市稍高于农村户籍。由此说明户籍对居民可持续发展观念并不能形成显著影响,在城市居住的农村户籍人员对城市可持续发展也有较高的关注度。观察婚姻对可持续发展观念的作用,以未婚者为参照项,已婚者对于环境和经济的重视程度要低于未婚者,因此这两项的系数显著为负值;相反,已婚者相对更为重视治理维度,尤其反映在对腐败和权利维护这两个具体指标上;

这种结果同未婚者年龄小，对生活环境、经济条件有更高的期望值，已婚者对于社会公平和权力维护要求更高有关。逻辑分类回归与前文偏相关结果基本一致，学历、收入、居住年限的作用最为显著；观察人群属性内部差异可以为以政策为途径的利益协调提供依据，保障在基本不损伤其他人群的效用水平的前提下照顾迫切需要改进群体的利益，从而实现社会整体上的帕累托改进；降低制度变更增加的交易成本、增进城市居民的获得感。

五、结　论

这一部分采取了专家和社会公众双向反馈的方法制定城市可持续发展指数，这种方法既可以体现地域化特征并反映公众意愿，对公众起到教育引导的作用。专家参与又克服了公众选择的主观性和片面性，及时将调研结果反映在政策规划的制定中。以中国内陆中等收入地区河南三个代表城市为样本进行公众选择的结果表明：环境和治理指标被普遍认为是重要的，所提出的指标在公众调查中大部分入选。社会指标存在分化趋势，同教育、安全、权益相关的指标排在重要性列表最前面，而公共文化活动、文物保护等指标次序靠后。由于居民有较好的预期或居民没有足够认识，经济领域一些指标被认为是不太重要的。公众指标选取的结果表明：当前最关系到该地区城市可持续发展的具体指标包括教育资源、生态环境、制度公平、权益和安全等，因此居民的生活环境还需要改善以促进可持续发展。

需要重视特殊群体对于具体可持续发展方面的关注，以增进指标选取的有效性，推动更加全面包容、可持续发展的城市建设。例如青年人对城市经济、社会发展更为关注，老年人对城市生态环境更为重视，中低收入者更为看重社会和治理公平等。为解决各类人群关注的焦点问题，实现城市精细化管理，需要针对不同人群制定可持续发展政策目标，建立动态差异化的可持续发展指标体系；通过管理者和公众双向互动建立可持续发展指标体系，充分体现可持续发展同地方化要素相结合、随时点变动的特点；在收集公众意见和实现对公众教育的同时，针对具体问题制定改进方案从而实现更高水平的城市可持续发展。

表 7-6 指标差异度检验

指标	郑州	平顶山	驻马店	方差（城市间）
淡水质量	2.62	2.55	2.58	0.001
淡水消耗	2.33	2.23	2.25	0.003
生物多样性	1.9	1.7	1.8	0.01
空气质量	2.76	2.64	2.61	0.006
固废产生	2.15	2.04	2.08	0.003
噪音污染	2.16	2.03	2.11	0.004
能源消耗	2.09	2.07	2.05	0
材料消耗	1.89	1.84	1.87	0.001
土地利用	2.36	2.25	2.28	0.003
土壤质量	2.19	2.1	2.18	0.002
废弃物回收	2.21	2.17	2.21	0
绿地面积	2.5	2.37	2.34	0.007
水土流失	1.99	2.03	2.01	0.001
产出水平	2.21	2.18	2.27	0.002
增长潜能	2.17	2.15	2.18	0
收入水平	2.25	2.22	2.22	0
产业结构	2.02	1.94	1.94	0.002
人均资本	1.83	1.79	1.81	0.001
财政可持续	2.01	1.96	1.97	0.001
市场竞争力	1.62	1.57	1.6	0.001
贸易依存度	1.56	1.49	1.48	0.002
企业利润率	1.85	1.96	1.82	0.005
通货膨胀率	2.2	2.12	2.11	0.002
最低工资	2.31	2.36	2.31	0.001
教育资源	2.71	2.63	2.71	0.003
能源获取	2	2.01	1.89	0.005

续表

指标	郑州	平顶山	驻马店	方差(城市间)
水源获取	2.43	2.33	2.36	0.003
卫生设施	2.03	1.95	2.02	0.002
电讯设施	2.65	2.6	2.56	0.002
社会安全	2.48	2.33	2.44	0.006
权利维护	2.47	2.4	2.39	0.002
就业	2.24	2.14	2.23	0.003
贫困	2	1.83	1.92	0.007
老龄化	2.15	2.05	2.1	0.003
收入差距	2.65	2.6	2.55	0.003
健康	2.26	1.99	2.18	0.019
交通	2.37	2.21	2.33	0.007
住房保障	2.46	2.35	2.33	0.005
养老服务	1.93	1.73	1.85	0.01
公共文化活动	1.9	1.79	1.86	0.004
文物保护	1.97	1.91	1.94	0.001
宗教设施	1.26	1.13	1.24	0.005
文化馆所	1.76	1.61	1.63	0.006
公民参与度	2.19	1.99	2.17	0.012
政府效率	2.47	2.36	2.5	0.005
腐败	2.54	2.48	2.53	0.001
政策公平	2.46	2.36	2.48	0.005
政策透明	2.25	2.23	2.23	0
财政透明	2.36	2.38	2.39	0
法律公平	2.65	2.65	2.68	0
方差(指标间)	0.098	0.1028	0.0993	
平均方差(指标间)				0.1
平均方差(城市间)				0.004
F(指标间/城市间)				28.68***
F 取值范围(指标间方差/城市间方差)				5.15**—674***

第八章　生态宜居与可持续发展城市建设研究

——以古都开封为例

一、开封市概况

开封市是河南省重要的历史文化名城，西临省会郑州，东接古城商丘，位于黄河南岸与新乡相望。开封市有“八朝古都”之称，是宋、齐、梁、陈等朝代的都城所在地，尤其作为宋文化的根源，目前还保留清明上河园、御园、天波杨府、包公祠等著名历史文化遗址，官窑、汴绣、木板年画等非物质文化遗产也享誉国内外。新中国成立之初，开封市曾经是河南的省会，也是河南省制造业中心，生产空气压缩机、电视、冰箱、副食等产品的国有制造企业广泛分布在开封，为开封市经济发展作出了重要贡献。20 世纪 80 年代市场化改革以后，开封市国有企业由于技术和管理模式转型较慢，产品从供不应求到严重滞销，出现老国有企业普遍亏损甚至倒闭的现象。其中少数企业留存至今由于员工下岗多、生产无法开展被称为“僵尸企业”而被政府强制实施转型或破产。从 20 世纪 90 年代开始，开封市定位于文化旅游城市，大力发展城市旅游业、文化创意产业、商贸服务业，经济发展和居民收入水平得到明显提升，城市生态建设进程也不断加快。与此同时，也存在制造业空心化，第二产业带动力不足，居民就业渠道窄的问题；由于紧邻省会郑州市，开封市近些年人口流入水平偏低，人口结构中旧城区居民偏多，外来高学历、高技术人才数量相对缺乏，因此造成了城市中低文化水平、低收入居民比重高，新旧城区建设水平差距明显的现象。需要从创新与包容的视角对城市进行改造升级，引入新产业、新市民，提高城市生态宜居和可持续发展度。

从生态宜居与可持续发展维度分析，开封市存在 3 项优势。第一，开封市是北方水城，除地下水资源丰富外，还可以利用黄河、运粮河等水系资源。第二，开封市存在大量可利用地热资源。广泛分布在开封城区、尉氏县、通许县、兰考县，为城市能源清洁化转型提供优越条件。第三，开封市制造业比重低，对环境的压力相对小。与此同时，开封市在生态宜居和环境可持续发展方面也存在薄弱环节。首先，城市生态建设不均衡，北部和新城区园林绿化水平高，而东部和南部旧城区生态建设相对滞后。其次，开封市当前定位于旅游城市，外来游客多而公共交通建设相对滞后，由于存在地下历史文物，无法开通地铁，地上公共交通承载力有限，因此出现节假日交通拥堵的现象，降低了城市整体宜居度。

生态宜居概念的提出是为了衡量城市居住的环保、健康、便利、舒适程度，是城市吸引力和凝聚力的重要标志。生态宜居作为一个动态的标准，既涵盖当前居民的资源可得性又反映城市活力和可持续发展度。城市宜居水平越来越受到管理层和学术界的关注，逐渐取代 GDP 增长成为衡量城市综合发展水平的指标体系。当前并不是城市规模越大、地理位置越接近区域经济中心宜居程度越高，反而一些欧洲、澳大利亚及中国西部和南部的小城市宜居指数排在前列，这些城市也将成为未来吸引优势资源、发展潜能和活力最充分的地区。开封市是全国知名的七朝古都，紧邻省会郑州，历来有郑州后花园的美誉。在资金、人才、技术、产业资源快速流动的背景下，如何在郑州都市圈的发展中准确定位，依靠自身优势集聚资源，实现经济社会平稳、高效发展，城市居民安居乐业是开封市当前面临的重要任务。

生态宜居与可持续发展城市建设是一个高效投入产出的过程，将形成经济和环境效应相互促进、良性循环的结果。城市宜居度的提高能够提升城市知名度和凝聚力，吸引更多国内外游客观光消费；由宜居产生的土地增值将带来更充裕稳定的财政收入，环境优化还将使开封成为人才和产业的高地，更好地与省会郑州形成分工合作、优势互补的经济格局。相反，经济发展水平的提高会给城市带来更多财富，使城市政府能够有更多的资本投入城市环境建设中，形成持续的生态改善效应。因此建设生态宜居城市成为化解内外部矛盾，提高城市可持续发展度的有效途径，生态宜居并不是一个封闭、自给自足的模式，纵观世界宜居城市的建设经验，采用绿色低碳技术、推进信息共享对实现城市生态建设、提高政府运行效率和居民生活便利度有重要意义。因此生态宜居是一个开放性、动态化的概念，需要各类城市建设主体协同合作，发展新理念、采用新技术；尊重差异化、增加包容性，为推进生态宜居城市建设作出创造性贡献。

二、开封市生态宜居与可持续发展城市建设现状与方向

（一）绿地面积及结构有待优化改善，应突出城市景观公益性特征

开封市绿地面积多分布于东北部风景区内，清明上河园、龙亭公园、万岁山一带集中绿化建设程度较高，西部汴西湖周边植被分布密度相对大。人口集中居住区域西北部和东南部绿化程度低。一些规模较大的学校和企事业单位，虽然内部绿地建设较完善，但是封闭式的围墙阻隔内外部，降低了城市绿化的公共属性。城市绿地作为城市之肺除了有净化空气、涵养水源的功能之外，也应当成为居民休闲健身的好去处，但实际上开封市景区多商业化运营需要付费才可以入园参观。依据统计数据，开封市森林覆盖率只有34%，在河南各地市中排名靠后，绿地面积分布不均衡又加剧了城市绿化的缺失，成为生态宜居城市建设道路上的突出障碍。

因此，有必要拓展城市绿色空间，在顺河区、禹王台区增挖人工湖，与西区御河、金明池相互联通形成开封市内循环水系。沿河湖廊道建设城

市绿化带,使植被在城市内部形成有机连接,依据城市建筑走势使之在夏季成为城市通风降温的廊道,在冬季成为抵挡风沙、涵养水源的防护林。将中心城区的绿地向东同历史文化景观带相衔接,向西同汴西湖、绿博园湿地相呼应,通过集中连片气候环境调节效应增进城市生态宜居程度。扩展城市外向绿化范围,在开封市周边建设湿地景区、郊野公园,引入商业化经营模式,实现开发中保护、保护中开发,体现人与自然和谐共生的观念,推进城市生态资源服务功能的发挥。增加居民区、城市广场的绿地面积,提高绿色空间的公共开放程度。争取在生活区半径 1 公里以内有面积不低于 500 平方米的小区、街心公园;在增加人工绿地的同时,通过设施提升更大程度发挥公共生态资源的服务价值,例如增设桌椅板凳,添加简易健身器材,在空间面积许可的前提下可开辟绿地广场、羽毛球和乒乓球场地。建设目标是使每一个城市居民在工作之余都有一两处健身娱乐的绿地空间。

(二)公共文化设施供给不足,需加大投入以提高城市文明水平

以往开封市相对注重对历史文化资源的发掘,通过陶瓷、丝绸、绘画艺术的展示和汴梁小吃传统的挖掘,开封宋文化已经在省内外甚至国内外形成了相当的影响力。但是相对缺乏现代化、公益性的文化休闲设施建设,例如街区图书馆、博物馆、文化宫等当地居民可定期参观、负担得起的大众文化消费场所。特别是开封市当前众多企事业单位还处在转型发展时期,在老国有企业遗留问题尚未完全解决、新经济新业态还没有成规模的前提下,政府财政和居民工资收入都相对有限。还没有形成系列本地化、设施齐全的文化娱乐机构,这些已经成为提高城市居民科学文化水平,推动社会主义精神文明建设的障碍因素。

生态宜居城市的重要标准是居民文化水平和社会文明程度,文化和文明的建设是一个长期渐进的过程、需要城市基础设施的支撑。因此,应当进一步发挥城市图书馆、博物馆、文化宫、影剧院的功能,可依据各区人口密度、交通布局设置不同类型的公共文化娱乐场所,例如东部顺河老城

区每10万人设置图书馆1个、影剧院2个,北部风景园林区每10平方公里设置文化历史博物馆1个。西部新城区聚集了较多年轻人,文化学历程度相对高可适当增加图书馆、博物馆的密度。在设施增建扩建的同时,更需要丰富这些文化场所的内容、制定适宜的价格,提高对普通市民的开放程度。公共文化娱乐场所建设的目标是让城市大部分居民在空闲时间内都有乐意去、能负担地方,通过文化知识的教育替代可能存在的赌博、喝酒等不良生活习惯,提升城市精神文明程度、提高居民科学文化素质和生活满意度。

(三)新旧城区差异显著,城市功能分工衔接有待提升

开封市东部及南部旧城区多存在旧国有企业和居民区,随着部分企业衰落、城市基础设施逐渐老化,旧城区内经济实力较强的住户纷纷在西区买房并搬出,东区人口密度不断减少的同时,留下大部分中低收入居民。由于人口少、消费水平低,东区商贸服务业日渐萧条,陷入了低收入—低消费—商业不景气的恶性循环。因此,东区尤其是化肥厂、东苑小区一带临街门店关闭,旧房危房连片。如何有机衔接城市东西部地区,实现内部功能互补、合理分工,进而推动城市一体化协同发展是实现城市宜居建设的重要任务。

改造旧城区除了政府投资优化基础设施建设之外,更需要增强内生发展活力,引进新资本新技术推进东区产业结构优化调整,例如建设生态产业园区,通过对外招商引资使就业带动能力强、经济效益好的企业入驻。另外,在城区建设方面,有必要采用公私联合和生态补偿的形式,例如通过PPP的途径和托管的方法同有资质的大地产公司、金融部门、城市规划建设单位合作,将一部分建设土地的开发使用权交给这些机构,使之在城市生态建设标准内集中连片改造老旧厂房、居民危房,建成若干街心公园、城市绿化带,同时许诺在绿地广场的周边开发建设商品住房并出售。从而一方面节省了城市政府当期公共投资开支;另一方面又可以改善提升居民居住条件、美化环境增进城市宜居程度。

老城区临街门面房和水果蔬菜批发市场也应当集中改造，可借鉴西区的办法统一装潢，按照营业范围、服务功能划分片区。例如美食餐饮一条街、建材一条街、服装一条街等，加强经营者卫生状况和诚信经营的监管，提高旧城区商贸服务业的品质和美誉度。增加街道景观树木的种植密度，加大城市环卫工作的投入力度，力争使新旧建筑和街道都达到整齐干净的标准，同邻近的北部历史文化景点生态宜居环境协调一致。

（四）应提高城市建设包容度，提供服务于各类人群的公共设施

生态宜居城市建设应体现和谐包容的特征，使不同文化程度、收入水平、户籍类型、来源地的人群享有平等的生存发展权，不断提高全体居民的生活满意度，为实现 2035 年和 2050 年两步走的目标协同一致、共同奋进。开封市作为七朝古都，各民族、宗教人群汇集在这座城市中，传统手工业、现代制造业共同为开封的经济繁荣作出了卓越贡献，几十万农民工在城市建设中起到了关键作用也经受着各种困难和挑战。因此，生态宜居城市建设需要兼顾各类人群的利益，使低收入者能够在衣食无忧、清洁安全的环境中工作生活，逐渐积累提高自己的生存能力，具体就是要减少对这些人在子女教育、工资待遇、社会保障方面的区别对待。为高学历、高收入人群提供更好发挥的平台和空间，能够在全省、全国甚至全世界的科技和人才竞争中突出自己的优势，使个人成长与城市发展形成相辅相成、相互促进的良好局面。在城市公共设施供给方面，要考虑到各类人群的承受能力，例如既有物美价廉的产品批发市场，又有环境优美的高档商场；针对各类户籍、收入、工作类型的家庭提供不同特点便利的子女教育；依据人群健康状况和承受能力提供差异化、高质量、有保障的医疗技术服务。最终使各类型、各群体居民都有相对满意的生活状态，提高整个城市的影响辐射力和凝聚力。

（五）应引入智慧城市理念，提高城市便利化、信息化程度

宜居城市建设应当将生活舒适便利化作为主方向，以精细化、人性化

为目标，对城市进行管理，在完善城市设施的同时，采用大数据、信息化的方式建设智慧城市。生活便利化首先体现在公交站、公厕、超市、共享单车停放点的合理布局，可实施城市网格化管理，将城市布局分为若干网格，以每个网格中心为原点设置设施要素半径，例如在每0.5公里内设置一个公交换乘点，通过各换乘点的无缝衔接实现全城范围内连续换乘，保证城市内任何两个地点公交通行时间不超过1小时；可1公里为半径设置公厕位置并在醒目位置标注指示牌；在新区主街道、新建居民区加大中型规模的超市密度，可以1公里为半径范围，设置一个标准化超市，在居民区、学校、商贸区进出口安排共享单车固定停放点，指定城市治安管理人员专门监管，确保车辆有序停放和安全使用。

引进智慧城市概念实施信息化、高效率管理，首先，进行交通信息化改造，建立城市立体交通信息平台，实时掌控交通路况，提供最便利的行车出行路线；安装智能化交通路灯、自动传感系统，依据人流量多少自动控制红绿灯间隔时间，减少行人无效等待。其次，推进电子政务建设，实现网上办公和信息及时反馈，实现政务管理、商业服务、城市公共管理数据互联共享；保证智能电表、智能水表安装到户，居民可以通过互联网在线缴费，通过信息在线共享实现复杂公务审批流程一站式办理。应用大数据和电子监控系统维护城市安全，监测各类城市犯罪案件，借助车牌号识别、人脸识别技术追踪相关案件信息，实现犯罪行为实时监控、有证可查。在有条件的家庭中可推广智能家居系统，引进电子视频、智能冰箱、智能厨具，自动提醒设备；实现家庭信息远程观测，家务活远程操作，进而达到节省用户时间、增进家庭安全性和提高生活便利程度的目标。

三、生态宜居与可持续发展城市建设标准

（一）原生态和人工生态资源和谐共生标准

城市生态建设要依据当地生态本底特征，尽可能在不破坏原有生态

格局与地形地貌的前提下利用生态资源，依山傍水构建城市街区、广场，维护自然水循环和空气循环系统。新建人工绿地和水域需同原有生态系统相互衔接，将海绵城市、园林城市的概念融入城市生态建设中，使城市各部分形成有机连接、互为补充的整体，减少城市旱涝事件的发生，保障城市水、空气、土地资源安全和永续利用；形成人与自然和谐共生景象，使城市自然景观和人文景观相映成趣，增加城市居民的认同和归属感。

（二）以人为本包容性标准

城市宜居的对象包括所有居民，因此宜居是开放性和包容性的概念，目的是让城市中不论性别、年龄、收入、行业的居民都有舒适的生活方式，因此宜居更大程度上具有社会属性，必须将城市中各类群体的就业、养老、医疗、子女教育考虑在内。尤其是困难群体的生活保障，合理调控城市房价、物价水平，降低生产者生产成本、减轻低收入者消费负担。将缩小居民收入差距、完善社会设施和服务供给作为城市管理者的重要任务，使城市居民住有所居、老有所养，每个市民都享有自由平等竞争的权利，都具有追求美好生活的能力。

（三）安全便捷为导向的公共设施及服务供给

生态宜居城市的基本保障是居住安全，因此需要实现城市有序有效管理，降低城市犯罪事件发生率、消除各类安全隐患，保障食品、环境、生产、交通安全。在信息化时代，除了传统的管理方法外，更需要引入城市智能信息系统，借助电子监视屏、云数据管理实现安全监管广覆盖，安全事故早发现、早应对。便捷的生活方式也是生态宜居城市建设的内在要求，便捷反映在居家、出行、政务办理各方面，需要从内部能力建设入手树立管理者为民服务的理念，从外部环境建设入手改造提升城市基础设施供给，以人性化、广覆盖为原则，提供灵活优质的公共服务、体现城市发展优势。

（四）城市生态承载范围内实现资源有效利用

生态城市建设离不开合理的规划，城市规划的整体性、一致性、动态性是建设生态城市、资源节约型城市的前提。主城区规划应当遵从紧凑型原则，更大程度实现城市资源与设施共享，通过职住平衡的街区安排，减少居民通勤距离和能源消耗。根据当地的资源存量特征发展节约型经济，减轻人类活动附加的资源环境负担，积极开发利用风能、太阳能、地热能等新型清洁能源；建设智能电网有效调节季节间、昼夜间电力使用余缺，实施阶梯电价政策推进城市节约用电。建立城市水资源循环利用系统，形成同城市污水产生量相一致的污水处理能力，有效收集生活生产污水并合理处置与利用；科学利用地表水资源、保障城市地下水资源的存量和质量。

（五）保持城市绿色发展和创新活力

在资源环境约束越来越明显的今天，发展新经济、依靠科技创新增强内生增长潜能是城市管理者的共识。因此，近些年来各地区纷纷发起人才战，积极引进高新科技及创新型人才。创新能力提升的结果是在产业附加值增加、生产方式的转变，即从粗放型向集约型，从自然资源消耗型向技术与资本投入型转变，最终实现更好的环境和经济效益。城市创新活力的激发需要从破除制度障碍入手，消除不利于人才合理流动配置的体制机制，营造有利于科技成果产生和转化的氛围，鼓励机构院所的科研人员参与市场竞争，给予试错的机会、创造官产学研合作创新的网络结构。创新活力的维持是政策导向和市场选择的双重结果，需要城市全体成员共同参与形成“大众创业、万众创新”的社会氛围，需要实施集成性优惠政策给予创新创业者积极的指导和鼓励。

（六）注重历史公园与大遗址的开发保护

建设魅力古都，加强文化承载力，必须要注重历史公园和大遗址的开发和保护，开封市具有其他旅游城市无法比拟的优势。清明上河园和大宋武侠城取得成功的秘密就在于，它们的开发有历史文化承载力，又和今天的体验游趋势紧密结合。遗址文化的开发，既可以遵照考古挖掘的原样进行复制或仿造，可以表现修建遗址的空中遗存和范围，也可以重建或局部重建，还可以运用景致计划的方法表现遗址。未来开封市的发展，应该更加注重国际化打造。在这一方面，不仅仅是宋文化的凝练，还应该进一步研究把宋文化国际化，提炼出宋文化国际化的相关符号。

四、古都开封生态宜居和可持续发展建设实施方案

（一）拓展生态绿化带建设范围，实现生态和经济价值相统一

延伸开封西区生态绿化带，向北衔接沿黄生态带，绿博园、野鸭湖等地，建设大面积湿地公园、森林主题公园、在公园中设置儿童游乐设施、电影院、咖啡馆、特色产品展览馆，吸引郑州、开封两市及周边居民在节假日参观游览，实现生态价值和经济价值相统一。西南方向运粮河一带可利用水资源优势挖掘数个人工湖，湖上建设观光小岛，沿湖种植景观树木，布置养老健康城、生态植物园、汽车展览馆、体育赛事中心，提升朱仙镇、仙人庄一带到港区的交通便利程度。将运粮河生态带建设成为港区外围旅游点之一，与朱仙镇古迹、启封故园等文化景点相互衔接补充。提升开港经济带的整体文化生态价值，使优良的生态环境和文化氛围成为开封西南地区吸引各地游客的名片，增进城市郊区宜居性从而带动更多老城区居民向该地区搬迁，人群的聚集效应反向又会对区域内部的市场繁荣和土地增值起到促进作用。

加大环境整治力度、增强城市污水处理能力。完善城市雨污分流系统，严密监控生产生活污水流向，防止不达标污水直接流入河湖水系。在各类产业园区中建设专门化的污水处理设施，实现园区内生产污水回收利用；扩容城市综合污水处理厂，提高日污水处理能力；在城市湖泊、沿黄

滩区建设人工湿地，利用植被有机分解吸收作用实现对污水自然净化。推进城市节能减排进程。挖掘城市地热资源潜能，更多用地源热泵替代化石能源冬季供暖；大力发展以风能、太阳能为主体的分布式清洁能源，建设更多屋顶光伏设备、滩区风能设备；推进城市产业结构优化升级，整合小散化工、造纸、食品制造企业，实现产业集群化、规模化发展，以更好达到节能增效的目标。

（二）合理规划城市经济，提高产业科技含量和附加值

在继续发挥城市旅游、文化创意、医疗教育优势的同时，更加注重创新资源的引进和利用。完成煤化工、机械制造、食品制造等传统产业的升级改造，以提高产业效益和附加值为目标，进行人工智能、电子信息、现代金融物流等新行业的战略布局，通过大数据、物联网平台建设，提高城市信息化、自动化水平，为现代产业的规模化和高效率发展创造条件。进一步发挥开封衔接郑州、航空港的地理位置优势，利用土地、水资源相对丰富廉价的优势，加入全球贸易物流产业链，发展外向型经济；重点培育壮大生态农业、食品加工、煤化工等本地特色产业。积极实施人才引进工程、提高技术创新对城市经济的拉动力，在推进本地高校和科研院所技术转化的同时，通过资金扶持、场地供应、优化生活环境等办法，引进其他发达地区先进的技术和研究团队，推进城市从资源优势向竞争优势的转变。提高经济的内生发展动力，实现经济持续高质量增长。

（三）引进智慧城市理念，推进城市各类电子信息平台建设

把智慧城市建设作为提高城市运行效率，方便居民日常生活的新途径。组建专业信息技术团队首先从智慧旅游、交通、养老、能源环境入手，建立城市信息共享中心，收集城市居民生活及消费信息并通过系统分析提出优化解决方案。例如开封市作为文化旅游城市，逢节假日可以通过铁路、机场票务信息，高速公路车流量信息预测即将到达城市的客流量信息，依据游客来源地、年龄、性别等判断未来哪些景点可能出现拥堵，通过

错峰出行、导游分流、道路导航等方法优化市民及游客出行方案，预防出现景点及街道拥堵，从而达到提升游客旅游质量、保障居民正常生活的目的。智慧交通的应用还体现在通过电子传感、视频监控系统收集十字路口车流、人流量信息，实时控制红绿灯间隔时间，从而减少无效等待或行车匆忙的发生，提高交通的安全有效性；提示道路拥堵状况，及时分流车辆或指出新的有效通行方案。信息平台的共享融合是最大程度发挥指挥网络系统功能的关键，通过旅游、医疗、交通、政务、能源环境信息的多部门共享可以及时发现反馈居民的需求方向，有效处理突发性安全事件，低成本、高效率地完成政府工作任务。例如对于突发性环境污染事件，环保、城管部门可以通过污染浓度的监测及时发现污染源、疏散隔离城市居民；智慧养老也是城市未来重点发展方向之一，可将信息资源、医疗资源、房地产资源统筹起来，实现社区养老、机构养老、居家养老互为补充，康养设备共享、在线监测诊疗等建设目标；另外，信息共享平台也可用于经济建设，例如通过电力消费状况，政府经济管理部门可以判断各区域最近的生产情况，采取更加精细化、有针对性的调控措施；通过居民消费数量、消费品种等信息，可以发现城市新的市场需求。

提高城市基础设施建设水平，综合运用政府和社会资金力量加强城市道路和信息系统建设，整修拓宽旧城区道路设施；以减缓城市节假日拥堵为目标，依据现有地理条件和文物保护要求，适当搭建地上地下轻轨，同高铁站、汽车站等交通枢纽接驳，提高城市客运便利度。为东部和南部新建产业园预先规划建设道路交通设施，可沿旧城墙建设环形市内公共轨道系统，疏解上下班高峰期交通人流量。加大城市互联网、电讯系统的投入力度，实现 4G 网络全市及周边县城的全覆盖，积极参与 5G 站点建设，为智慧养老、旅游、医疗、教育和城市管理的形成发展打好基础。逐步提高城市公共图书馆、健身场所等的数量及覆盖均衡度，在街区内合理设置连锁超市、公厕、停车场等公共设施和场所，提高城市居民生活出行的便利度。挖掘开封市旅游资源、传播弘扬宋文化，建设开放性的宋文化展览园、展示木板年画、汴绣、钧瓷等艺术品制作工艺和流程，加深城市居民和外来游客对城市发展的认识。

以全城政务信息公开和一体化平台为建设目标，推行电子政务、政府信箱、听证会等有效实施。首先，消除部门、城区之间信息封闭的现象，成立专门负责城市管理信息收集和公布的职能机构。可由市发改委或大数据局牵头，建立全市共享信息数据平台，形成政府各部门联网工作、高效运转的格局；及时发布交通、城管等各类便民生活信息，提供居民生活出行的便利度。其次，促进形成良好营商环境，通过制度安排、人员培训等方式，为企业入驻提供一站式办理，为在建项目提供融资、税收、土地、人力资源等支持，维护公平有序的市场环境，使各类企业能够在开封市健康持续发展。最后，建立透明、科学的行政支出信息评价系统，对城市各部门的资金收支效率进行定期核查和评价。在全市倡导形成节约公务支出、注重办事效率的良好政风，以增收节支为原则，逐步优化财政收支状况。适当运用市场化手段，将部分可社会化管理的事务如能源、交通、会展交给社会组织或企业经营管理，减少政府不必要行政开支，将更多资金运用于关系经济发展、关系民生保障的重大事务领域。

（四）建设城市内部水循环系统，增加人口密集区生态供给

改变主城区生态服务短缺现状的关键是增加城市水资源供应量、建立循环使用系统，从而提高城市整体生态建设和承载力。可依据城市地貌在禹王台区和顺河区开掘人工河湖，依河湖建设生态公园和绿地广场，广场周边布置现代化的居民区和城市商贸区，配套便利交通和相关公共设施，同东北部历史景点、观光游览区的景观风格保持和谐统一，使外来游客在参观清明上河园、龙亭公园的同时，能够到城市街区内部观光游玩，对城市本身的人文特征、社会经济发展有更深入的认识、保留更美好的印象，从而提升开封市在历史和现代两个维度的知名度。东区新产业园成立之前需进行长期的城市生态土地规划，合理布局工业和生活污水的收集处理系统，预留空间用于增建污水处理厂、固体废弃物回收站，避免未来出现先污染、后治理的局面。

（五）开发利用新能源，推进开封市能源结构转型

开封市可再生能源消费比重只有7%，低于全国15%的平均水平，而且随着国家新能源目标任务的进一步提高，开封市将面临更大的发展压力。因此，有必要深入挖掘本市可再生能源的开发潜力，首先，在大型商超、酒店推行地源热泵，小区住户联合安装地源热泵设施；政府可以给予一定的政策补贴，以降低地源热泵的使用成本。开发利用太阳能资源，鼓励有条件的居民安装屋顶光伏，除自己家庭使用之外还可以通过分布式能源互联网向国家出售。其次，推进农村地区能源消费转型进程，争取在未来5年内实现90%的村庄通天然气供应管道；建造公共沼气池，实施原材料有偿供给、沼气有偿使用政策，安排专门的管理人员、技术人员进行运营维护。有地热资源的村庄也可以统一建设地源热泵供暖设施，地热资源不足的可以发展地热、电、沼气互补式供暖。最后，利用黄河滩区荒地资源安置光伏设施、风机进行发电，光伏板下可以种植牧草、农作物提高经济价值，沿滩区建设耗能型企业实现电力资源就地消纳。大力发展以风能、太阳能为主体的分布式清洁能源，在农户家中和厂房上建设更多屋顶光伏设备、滩区风能设备；建设可再生能源互联网，及时消纳分散供电户的电力资源。推进城市产业结构优化升级，整合小散化工、造纸、食品制造企业，实现产业集群化、规模化发展，以更好地达到节能增效的目标。

（六）改造提升老城区设施建设，合理调控物价工资水平

对顺河区、禹王台区、祥符区进行分阶段、分层次改造，首先改造提升临近开封对外窗口的区域，例如北部清明上河园、铁塔公园、龙亭公园周边，南部开封火车站、包公祠一带，统一修缮临街店面，强化市场秩序监管。可挑选经营水平较高、地方特色突出的经营主体进行分类管理，例如顺河区临近文化景点一带可以建设大宋美食街、丝绸绘画展销街、手工艺曲艺展演街，在传统文化展示销售的同时可以加入现代元素，引入麦当劳、咖啡影视厅、时装销售区等，吸引更多年轻人、外地游客前来休闲

购物。

禹王台区重点在于火车站、汽车中心站的整修改善，拓宽道路面积、加强对中山路、五一路、解放路一街两行低矮老旧建筑的改造提升，例如拆除40年以上，3层楼以下的临街房屋，建设现代化的写字办公楼，临街店铺统一装潢、统一管理，增加城市高档次酒店宾馆的数量；在废旧厂区、居民区建设城市文化娱乐中心、健康养老中心，增加人工绿地广场的供应量，临近火车站附近可以建设若干地上地下停车场缓解城市停车占地压力。另外，由于火车站当前主要承担中低收入旅客运送、货物运输的任务，可以考虑在其南部临近机场路的区域建设交通物流园区、小商品批发零售基地。

开封东区建成时间较早，当前居住人口大多是原有国企职工、老城市居民，在未来产业园区的规划建设后，还将有大批的周边县乡农民工进城务工，所以有效管控区域内工资、物价水平是保障宜居度的关键。需要加大公租房、限价房的供应量，强化对企业最低工资水平的监管，合理调控能源、食品、生活用品的价格，通过控制居民生活成本维护社会基本稳定，增加居住满意度。

（七）保障城市低收入群体生活，提供优质的社会服务

落实城市社会保障托底功能，保障城市低收入群体、失业群体社保金的发放；重点帮扶国有企业下岗职工、进城打工低收入群体、残障群体，通过公益岗位提供、再就业技能培训、就业补贴等形式提高这些人再就业能力，保障转岗期间的基本生活。适当调控城市房价，根据居民的经济承受能力提供差异化、分层次的房屋供应，提高限价房和公租房的供应比重，控制占地面积多的高档住房供应数量。针对城市优质教育、医疗资源供不应求的现状，需要进一步扩充教育、医疗资源数量，优化供给结构。首先，加大对现有资源的建设改造力度，进行系统信息化改造、购置使用新型的教学医疗设备，逐渐同国内一流的社会资源供给接轨。

其次，推广外向型经营运作模式，引进国内外先进的教育、医疗机构，

例如在开封市成立知名中学分校、设立先进地区医疗研发中心的开封分支机构，建立教学、科研人员双向交流学习机制。逐步提高社会服务行业的对外开放度，在政策允许的条件下，也可走国际化战略、引进国外教育医疗资源，形成各类机构相互补充、协同共进的格局，为开封市营造更好的社会环境，吸引更多人才和优质企业入驻。

（八）加大城市格局与历史文化街区的规划保护

目前，开封市文旅建设已经初步形成格局，未来应该加大各区域的区别开发。铁塔景区可以开发创意产业园区，以创意文化产业、互联网产业为主。刘青霞纪念馆附近可以开发为民国一条街，鼓楼区可以开发为购物餐饮一条街，等等。鼓楼区现在建设了很多古建筑，要加大内涵开发，这里不只旧时的面貌得到较好展示，还要保存陈旧浓郁的市井风俗和历史传统。通过欣赏传统民居、工艺美术馆等，使人对街区历史和风俗有更深的理解和感触。在未来开发中，要加大历史人文环境与自然环境的融会。对于文物古迹的掩护，需设定历史风土特殊保存地域进行治理；对于一些文物古迹的所在地域，划归景致地域、都市景观造成地域等不同的限制区域中，使丰硕的历史人文环境与幽美的自然环境和谐共存。

第九章　城市化和能源消费的门槛效应分析与预测

城市化是社会化大生产和规模经济的必然结果，发达国家在工业化和收入水平提高的过程中率先实现了城市化，从20世纪初到80年代城市化率普遍由不足40%提高到70%的平均水平。大量人口从农村迁往城市引发了社会生产生活方式的急剧变化，能源作为社会运转的主要物质动力其消费总量及消费结构也随之改变，城市能源消耗主体的地位愈发凸显，以不足2%的全球面积消耗了75%以上的能源。在中国，当前城市消费了全国80%以上的商业能源，其中35个最大城市消费将近一半的能源。因此，城市化进程也是能源消费日益集聚与增长的过程，能源作为我国重要的战略资源之一，在能源的稀缺性和环境影响日益加剧的今天，研究城市化、工业化同能源消费之间的关系是提高能源效率、优化能源结构，实现资源与环境可持续发展的前提条件，是推动城市化朝着高质量方向前进的有力支撑。深入认识其内在联系与发展规律，有利于制定促进城市化和能源环境协调发展的政策方针，为我国快速城市化进程中的能源安全提供有效保障。

能源消费同环境问题密不可分，以往在对城市化与能源环境关系的研究过程中出现了如下三种理论：生态现代化理论、城市环境转型理论、紧凑化城市理论。生态现代化理论认为城市化是社会现代化的重要标志之一，能源环境问题更多出现在中低发展阶段国家，随着技术水平和环境意识的提高,经济增长和能源环境将相互脱钩。① 城市转型理论认为在城市发展的各个阶段将出现不同的能源环境问题,低发展阶段往往面临同贫困相关的资源环境问题,城市居民收入的增长通常伴随着生产活动的增加,产生新的能源消耗和工业污染。收入达到一定程度后将面临同消费相关的能源环境问题。紧凑化城市理论强调城市紧凑发展所带来的资源环境利益,理论认为高密度城市有利于节省空间和公共设施共享,从而产生能源节约效应。② 然而理论的反对者认为如果缺乏充足的城市基础设施供应,高城市人口密度将会产生更多的环境问题。③

一、城市化对能源消费的作用机制分析

(一) 城市化增加能源消费的因素

能源是推动城市化的重要物质支撑,城市化过程中生产的集聚与规模化,动力交通的增加,基础设施建设上升,居民生活方式的现代化转换都会引发能源消费需求的上涨。其具体影响方法和路径如下:第一,城市化产生规模经济,生产从能源强度低的农业转向能源强度高的制造业,同时城市生产的扩张造成非正式产业的增加,也将会对城市能源消耗产生显著影响。第二,城市化影响交通运输业,增加城市内外部机动车的数量,原材料与商品的城乡运输增加了能源消耗量。第三,城市化对基础设施的需求上升,基础设施建设过程中需要大量的能源密集型产品作为原材料。第四,对个人消费模式的影响,移居城市的居民会因为电器消费的增加而提高电力消费量。因此城市化首先改变生产过程中的能源消费模

① 参见 Gouldson A.P.and Murphy J.,"Ecological Modernization:Economic Restructuring and the Environment",The Political Quarterly,1997,Vol.68,pp.74-86。

② 参见 Capello R.,Camagni R.,"Beyond Optimal City Size:An Evaluation of Alternative Urban Growth Patterns",*Urban Studies*,2000,Vol.37,No.9,pp.1479-1496。

③ 参见 Burgess R.,"The Compact City Debate:A Global Perspective",Harvard university press,New York,2000,p.27。

式,城市化过程中商品由粗加工转向深加工,高附加值的产品比传统农业或基础制造业消费更多能源。继而通过人口聚集、消费规模扩大及结构升级提高能源需求量。① 国内城市化和能源消费也存在高度的相关性,城市化阶段能源消费特征是快速增长和需求刚性,城市化相关的大规模城市基础设施建设和住房需求,劳动密集型产业引起的城市人口及消费激增都有力地拉动了能源需求上涨。② 城市化引发公共服务业规模扩张从而增加了能源消耗,近十年来我国城市交通运输与邮电通信业的扩张也带来了能源消耗快速增长。众多研究表明城市化同能源消费量之间的正向关系,然而城市化对于能源消耗的促进作用会因发展阶段推移而发生变化,例如城市化过程中高收入国家的城市能源消耗高于发展中国家,处于快速城镇化阶段的新兴发展中国家能源消耗增长更为显著。

(二)抑制城市能源消费的因素

城市化通过人口与产业的集聚提高经济活动和能源消费水平,但同时规模经济效应又会促使生产集约化和技术创新,为能源效率的提高提供可能,城市化所产生的人口集中和设施共享也会对能源消耗起到一定的抑制作用。紧凑型城市理论着重强调高密度和功能混合型城市布局能够有效节约能源消费,高人口密度的社会将在一定程度上发挥集约效应抑制能耗上升,例如公共交通的使用和城市集中供暖方式会降低户均能源消费量。紧凑型城市布局在一些发达国家和地区较为普遍,多德曼(Dodman)发现在发达城市中单位资本温室气体排放量低于全国平均水平,原因之一是城市具有高密度的建筑和较低的人均居住面积,相对于农村需要更少的人均电热资源。③ 张丽华、叶炜研究发现我国东部地区应

---

① 参见 Parikh J. and Shukla V., "Urbanization, Energy Use and Greenhouse Effects in Economic Development", *Global Environmental Change*, 1995, No.5, pp.87-103。

② 参见林伯强:《中国能源需求的经济计量分析》,《统计研究》,2001 年第 10 期。

③ 参见 Dodman D., "Blaming Cities for Climate Change? Analysis of Urban Greenhouse Gas Emissions Inventories", *Environment and Urbanization*, 2009, Vol.21, No.1, p.198。

建设紧凑型城市，重点解决城市中职住分离的问题以避免长距离通勤。① 因此，从取得城市可持续发展目标出发，城市规划者的主要任务在于：(1)构建紧凑型的城市结构；(2)实现城市功能混合；(3)防范城市无序扩张。② 除了紧凑型的城市模式可以有效降低能源使用量外，城市现代化转型对降低能源消耗量也具有不容忽视的作用。在中国，由于产业组织结构、技术结构、产品结构的优化调整，使城市化对能源消耗的依赖程度在不断降低。能源结构的优化也是不容忽视的因素，城市化过程中能源结构的转变能够显著提高能源使用效率，农村居民移居城市后从消费低效能源(固体燃料)向使用效率相对高的商业能源转变。③ 中国城镇电力、天然气等优质能源所占比例明显高于农村居民，农村居民向城镇转移，除了带动能源消费水平还带动能源结构优化。

(三) 效应的叠加与阶段性

城市化对于能源消费有正向和负向两方面的影响，城市化一方面通过生产和消费的高度集中增加经济活动和能源消费；另一方面会促进技术创新和规模经济，从而为能源效率的提高提供可能性。同时，高城市化水平意味着更多的城市经济活动和更高的收入水平，桑达斯基(Sadorsky)指出富裕居民往往需要能源更为密集型的产品，然而高收入阶层更加注重环境质量，促使节能减排行为的增加。④ 城市化对于能源强度的影响难以准确预测，城市转型理论认为城市施加给环境的压力在不同发展阶段

---

① 参见张丽华、叶炜:《城市化能否减少居民交通能源消费? ——基于中国城镇住户调查微观数据的分析》,《财经论丛》,2019 年第 6 期。

② 参见 Chen H.,Jia B.and Lau S.,"Sustainable Urban Form for Chinese Compact Cities: Challenges of a Rapid Urbanized Economy", *Habitat International*, 2008, Vol. 32, No. 1, pp.28-40。

③ 参见 Pachauri S.and Jiang L.,"The Household Energy Transition in India and China", *Energy Policy*,2008,No.36,pp.4022-4035。

④ 参见 Sadorsky P.,"Do Urbanization and Industrialization Affect Energy Intensity in Developing Countries?",*Energy Economics*,2013,Vol.37,pp.52-59。

上是有差异的，各国学者的实证研究结果也表明了城市化对于能源消费的影响存在分化，例如，普马尼冯（Poumanyvong）和卡内科（Kaneko）使用面板数据检验收入、城市化、工业化和人口增长对于99个国家1975—2005年的能源消费的影响，发现城市化降低低收入国家的能源消费，增加中高收入国家的能源消费，并且对高收入国家的影响高于中等收入国家，原因在于高收入国家消费相关的能源环境问题占主导。① 梁朝晖按照诺瑟姆的城市化S型曲线理论，将中国城市化分别以1975年和1996年为界点划分为三个时期，实证结果显示城市化初期对能源消耗的影响不显著，到中期以后才有明显的促进作用。② 王少剑等基于中国城市遥感模拟反演碳排放数据发现：经济增长与城市能源消费引起的人均碳排放呈现显著的倒U型曲线关系，而绝大多数城市的人均碳排放处于随经济发展而增加的阶段。③ 城市化对于能源消费的阶段性影响同城市内部产业结构转型直接相关，在不同的工业化阶段呈现不同的能源强度变化特征。随着工业化的推进，能源强度会先上升后下降。在工业化前期，以农业为主导，经济增长受驱动于基本需求，能源强度相对低。在工业化中期，增加基础设施建设以适应规模生产和规模消费，相应的资本投入会增加能源强度。在工业化后期，生产技术条件进一步优化，同时制造业相对于服务业开始下降，服务业指向的经济的能源强度要低于基于制造业指向型经济的能源强度。

城市化对于能源消费影响的路径和方式会因经济社会模式的不同而存在差异，学者们所用的研究方法也各有不同。目前学术界的研究对象以能源消费总量能源强度为重点，以协整检验、回归分析、因素分解、情景

① 参见 Poumanyvong P., Kanekoa S., Dhakalb S., "Impacts of Urbanization on National Transport and Road Energy Use: Evidence From Low, Middle and High Income Countries", *Energy Policy*, 2012, No.46, pp.268-277。

② 参见梁朝晖：《城市化不同阶段能源消费的影响因素研究》，《上海财经大学学报》，2010年第5期。

③ 参见王少剑、苏泳娴、赵亚博：《中国城市能源消费碳排放的区域差异、空间溢出效应及影响因素》，《地理学报》，2018年第3期。

分析为主。但研究往往基于线性假设,即便国外学者多提到不同经济发展阶段、人口结构变化特征对于城市能源消费的差异性影响,也大部分是理论性阐述或分国家与区域进行实证分析。对于同一国家或区域内不同阶段的能源和城市化之间变化关系研究较少。因此下面将基于门槛模型的非线性假设来验证随着收入、人口密度、产业结构的不断变化,以人口城乡迁移为主要形式、以产业及消费升级为主体内容的城市化对于能源消费的阶段性影响。然后分析城市化、居民收入、工业比重等变量对于能源消费的短期冲击作用并对我国未来能源消耗状况进行预测分析。

二、模型的建立与检验

（一）门限模型基本原理

首先假设存在单一门槛值 λ,以城市化率 *urb* 为自变量,以城镇居民人均收入 *inc* 为门槛变量建立如下模型:

$$\ln(ene_{ij}) = \alpha_1\ln(urb_{ij}) * th(inc_{ij} \leqslant \lambda) + \alpha_2\ln(urb_{ij}) * th(inc_{ij} \geqslant \lambda) + \alpha_3\ln(inc_{ij}) + \alpha_4\ln(den_{ij}) + \alpha_5\ln(ind_{ij}) + \beta_1\ln(inf_{ij}) + \beta_2\ln(ele_{ij}) + \mu_i + \xi_j \tag{9-1}$$

其中 *ene* 为人均能源消耗,*den* 为城市人口密度,*ind* 为工业增加值比重,*inf* 为基础设施投入,*ele* 能源结构,则系数矩阵和变量矩阵分别为:

$$B = \begin{vmatrix} \alpha_1 \\ \alpha_2 \\ \alpha_3 \\ \alpha_4 \\ \alpha_5 \\ \beta_1 \\ \beta_2 \end{vmatrix} \qquad \chi = \begin{vmatrix} \ln(urb_{ij})th(inc_{ij} \leqslant \lambda) \\ \ln(urb_{ij})th(inc_{ij} \geqslant \lambda) \\ \ln(inc_{ij}) \\ \ln(den_{ij}) \\ \ln(ind_{ij}) \\ \ln(inf_{ij}) \\ \ln(ele_{ij}) \end{vmatrix} \tag{9 - 2}$$

即：

$$\ln(ene_{ij}) = \beta^T X_{ij}(\lambda) + \mu_i + \varepsilon_j \tag{9-3}$$

对模型进行参数估计，首先要消除个体效应μ的影响，常用方法是从每个变量观察值中减去组内平均值，也称为去心化，变化后的模型为

$$\ln(ene_{ij})^* = \beta^T X_{ij}(\lambda)^* + \varepsilon_{ij}^* \tag{9-4}$$

将方程写成矩阵的形式：

$$Y^* = X(\lambda)^{*T}\beta + e^* \tag{9-5}$$

收入水平可以是变量取值范围内给定的任意值 λ，受约束的自变量 U 的斜率β为：

$$\beta_\lambda = (X^*(\lambda)^T X^*(\lambda))^{-1} X^*(\lambda)^T Y^* \tag{9-6}$$

相应地，回归方程的残差估计量为：

$$e^*(\lambda) = Y^* - X^*(\lambda)\beta_\lambda^T \tag{9-7}$$

回归方程的残差平方和：

$$SSE(\lambda) = e^*(\lambda)^T e^*(\lambda) = Y^{*T}[I - X^*(\lambda)^T X^*(\lambda)^{-1} X^*(\lambda)^T]\,Y^* \tag{9-8}$$

门槛值的估计量为

$$\lambda = \mathrm{argmin} SSE_1(\lambda) \tag{9-9}$$

以上内容是对单门槛的搜索，双门槛甚至三门槛的搜索办法和单门槛类似，在此将不再详述，双门槛应当采取格栏栅办法逐一搜寻残差平方和最小位置，然而由于采取这种办法程序运行起来比较费时，汉森（Hansens）提出了比较简便的定点法，即先确定一个门槛点再搜寻第二个门槛点，①定点法即节省了运算时间也便于后续检验，以下将采取定点法进行实证分析。

检验门槛值的显著性：

首先是对门槛效应的显著性检验，假设原假设为：$H_0: \lambda_1 = \lambda_2$，备选

① Hansen B.E.,"Threshold Effects in Non-dynamic Panels: Estimation, Testing, and Inference", *Journal of Econometric*, 1999, Vol.93, No.2, p.350.

假设为：$H_1:\lambda_1 \neq \lambda_2$ 检验统计量为：

$$F = (S_0 - S_1(\lambda))/(\sigma^2(\lambda)) \tag{9-10}$$

S_0是原假设下不存在门槛效应时的残差平方和，S_1是备选假设下存在门槛效应的残差平方和，可采取自抽样（bootstrap）模拟原序列渐进分布，进而构建对应的 P 检验，如果 $F_1>F_0$，即抽样所得的残差平方和小于门槛值残差平方和，即推翻原假设认为不存在门槛效应。

第二个检验原假设为 $H_0:\eta = \eta_0$ 相对应的似然比统计量为：

$$LR(\eta) = (S(\eta) - S(\eta_1))/(\sigma^2(\eta_1)) \tag{9-11}$$

$$\partial^2 = \frac{S(\eta_1)}{n(T-1)} \tag{9-12}$$

统计量 LR 的分布也是非标准的，$S(\eta)$为门槛变量取任意值的残差平方和，$S(\eta_1)$为门槛值的残差平方和，汉森提供了拒绝域的标准，即当 $LR>-2ln(1-(1-a)^{1/2}$时拒绝原假设，其中 a 为显著度水平。

（二）数据收集与处理

这一部分内容参考了全国及各省、自治区、直辖市 1978—2013 年的能源消费、城镇居民收入、城市化率、人口密度、工业比重、城市投资建设等数据。其中能源消耗数据来源于历年《中国能源统计年鉴》《新中国六十年统计资料汇编》。城镇居民可支配收入、工业比重、人均国民产出数据来源于历年《中国统计年鉴》《中国城市统计年鉴》《新中国六十年统计资料汇编》。为剔除价格因素影响，以 2000 年为基期进行统一价格指数折算，以工业占 GDP 的比重衡量工业化程度。用电力在能源中的消费比重来衡量能源结构，具体来说用热值当量法计算电力的消耗量及占总能源消耗的份额。数据来源于历年《中国电力统计年鉴》《中国能源统计年鉴》。基础设施建设投资数据来源于历年《中国城市统计年鉴》《中国统计年鉴》。城市化率用城镇人口与全部人口的比值表示。城市人口密度即每平方公里人口数，数据来源于历年《中国城市统计年鉴》《中国人口统计年鉴》《新中国六十年统计资料汇编》，各省市统计年鉴，数据描述如

表 9-1。

表 9-1 数值统计描述

变量	观测值	平均值	标准差	最小值	最大值
ene(吨)	1085	1.588	1.292	0.079	9.030
urb(%)	1085	36	17	7.6	89.3
inc(万元)	1085	0.74	0.77	0.07	4.53
den(人/Km^2)	1085	590	870	38	7284
ind(%)	1085	44	10	14	77.4
inf(万元)	1085	1367	1534	850	6700
ele(%)	1085	28	5.17	21.3	36

（三）门槛回归结论与分析

F 检验的结果如表 9-2 所示，以城市化自身为门槛变量存在一个门槛且在 5%的水平上显著，分别以居民收入和工业化为门槛变量，各存在两个门槛且都分别在 5%和 10%的水平上显著。门槛回归结果如表 9-3，首先以城市化率为门槛变量进行回归，得到的两个门槛点分别为 0.44 和 0.81，其中 0.81 检验结果不显著。城镇化对于能源消费的影响整体为正向，当城镇化率跨越 0.44 的位置之后，城镇化对于能源消费的拉动作用有小幅的增强，由 0.12 上升到 0.14。观察原始数据发现全国平均城市化率在 2005 年左右达到这一水平，从这一时间点之后人均收入及消费的增长速度加快，同时由于城市建设的加快形成的钢铁、水泥等行业产能的扩张，引发能源消费呈现阶段阶段性上涨。第二个城市化率门槛点为 0.81，然而由于门槛点右侧的观测值只有 18 个占全部观测值的 2%，当前只有北京、上海近几年内的城市化率落在观测点右边，因此没有形成显著的折线拟合关系。但是这两个城市人均耗能近期内确实增长较快，城市化超过一定程度之后以现代化、高消费为主导的生活方式将显著提高人均能源消费量是后工业化时期的显著特征，这在欧美一些发达城市已经得到验证，我们需要以此为鉴，采取措施倡导文明、节俭的生活理念与方式，预防更多地区进入高度城市化阶段后出现能源消费激增的不利局面。

表 9-2　F 检验结果

门槛变量	Urba 单门槛	Urba 双门槛	Inco 单门槛	Inco 双门槛	Indu 单门槛	Indu 双门槛
F	36	18	39	21	32	17
P	0. 02	0. 26	0. 01	0. 06	0. 04	0. 09
1%临界	38	32	37	28	35	27
5%临界	31	26	29	23	30	22
10%临界	23	22	18	16	21	16

以城市人均可支配收入为门槛变量三段回归的结果是，依次超越门槛点 6386 元和 12375 元之后城市化对于能源消费的拉动作用呈现阶段性增强，三段的系数分别为 0. 13、0. 23 和 0. 28。从原始统计数据可以观察到这两个断点分别位于 1992—1994 年和 2003—2005 年之间，是我国实行东部沿海开放政策和实施基础设施开发建设政策的关键节点，经济增长与资源环境压力之间的矛盾也充分显现。系数值不断增大的原因在于：一方面居民收入的提高来源于投资生产的扩张及能源消费的增加；另一方面居民收入的提高又推动居民消费水平的不断上升，总体上随着城市居民收入的增长，我国城市人均能源消耗还处于快速上涨过程中，急需缓解以人口聚集为特征的城镇化引发的能源消耗压力。值得注意的是，依据城市转型理论由于城市化所产生的人口集聚和能源结构转换效应，第一阶段的系数应该很小甚至为负，但是转型理论更多从生活能源消费的角度出发且适用于城市的初步形成阶段，这一部分所统计的数据从 1978 年我国工业体系快速成长开始，因此该阶段的回归系数也为正，只是相对于后两个时期更小一些。

以工业比重为门槛变量回归的结果同以往关于城市化、工业化、能源消耗之间关系研究结果一致，在工业化进程中，城市化对与能源消费的拉动作用先增强后减弱。如果工业比重超过第一个门槛点 0.374,城市化对于能源消费将会产生显著的拉动作用,系数从 0.11 上升为 0.15,城市由能源消耗相对低的工业化初期开始进入以工业为主导的工业化中期阶段,制造业逐渐规模化、机械化使能源消耗快速上升,同生产相关交通运输、厂房设备的投入也会增加整体能源消耗,并且具备一定工业基础的城市,产业的进一步扩张将产生路径依赖效应,相当时间内延续高耗能的工业城市发展模式。因此,工业比重从第一个门槛点 0.374 到第二个门槛点 0.602 之间是城市化对能源消耗拉动作用最显著的一个阶段,特别是对于生产相对落后、刚进入这一阶段的西部一些地区更加需要注重节能控能。然而超过第二个门槛点之后工业已经具备相当规模和技术优势,生产成本出现递减、能源效率逐步提高,外加工业化后期低耗能的服务业逐渐兴起,因此城市化对于能源消费的拉动作用趋缓,第三阶段回归系数由 0.15 下滑至 0.08。同样应当注意的是伯纳德尼(Bernardini)和加利(Galli)从与生产相关的能源强度出发,提出能源强度会先上升后下降。① 而本书这一部分是从人均能源消费的角度出发包含生产生活两方面,在城市化和工业化的过程中人均能源消费绝对数量一直呈增长的趋势,回归系数也为正,城市化对于能源消费的拉动作用趋缓只表现在系数值的先上升后下降,这也反映了当前我国的人均能源消费还处在倒 U 型的左侧,尚未达到顶点。

城市人口密度变量的回归系数为负但不存在显著门槛点,这同紧凑型城市发展理论相一致,我国在普遍水平上城市紧凑布局对于能源节约有一定的促进作用,同时由于我国大部分城市人口密度尚未达到很高的水平,使其对能源消费的影响出现转折,因此没有显著的门槛点。特别需要注意的是,一些大城市外围与部分中小城市无序扩张在一定程度上降低了城市人口密度,造成了规模不经济和资源浪费,应当采取更为集约的

① 参见 Bernardini O., Galli R.,"Long Term Trends in the Intensity of Use Materials and Energy", *Journey of Futures*, 1993, Vol.53, No.1, pp.431-448。

城市规划发展模式。观察其他控制变量如电力消耗比重、设施建设，其中电力消耗比重提高对人均能源消耗有抑制作用，同城市现代化理论相一致，相对于直接消耗煤炭资源，电能更为集约、高效，能够有效降低城市能源消耗总量同时减轻环境压力，因此煤电化、开发太阳能、风能等可再生能源是抑制城市化过程中能源消耗过快增长的重要途径之一。我国当前的能源消费主要来源于工业生产，因此产出水平对于能源消耗有显著的正向影响，城市化带来人口流入的同时会促进交通、水电设施、桥梁建筑等基础设施的需求增加，新增设施建设需要耗费大量能源，因此促进了人均能源消费量的提高。

表 9-3　门槛估计结果

门槛变量	urb	inc	ind	线性回归结果
门槛值	(0.44)	(5490,12375)	(0.374,0.602)	
$urb_1(urb<0.44)$	0.09 (3.18***)			
$urb_2(urb>0.44)$	0.11 (5.17***)			
$urb_1(inc<6386)$		0.13*** (5.39)		
$urb_2(6386<inc<12375)$		0.18*** (7.42)		
$urb_3(inc>12375)$		0.23*** (7.26)		
$urb_1(ind<0.374)$			0.13*** (5.21)	
$urb_2(0.374<ind<0.602)$			0.22*** (8.79)	
$urb_3(ind>0.602)$			0.17*** (5.11)	

续表

门槛变量	urb	inc	ind	线性回归结果
urb				0.16*** (7.2)
inc	0.52 (24.9***)	0.39*** (10.77)	0.45*** (19.8)	0.49*** (21)
den	-0.21 (-6.7***)	-0.21*** (7.06)	-0.17*** (-5.2)	-0.21*** (-6.1)
ind	0.29 (11.6***)	0.27*** (10.72)	0.20*** (4.94)	0.27*** (9.2)
inf	0.21*** (19.3)	0.23*** (21.4)	0.18*** (21.8)	0.22*** (22.3)
ele	-0.13** (-2.81)	-0.11** (-2.26)	-0.09* (-1.92)	-0.16** (-3.07)
Cons	-821*** (-7.12)	-762*** (6.6)	-637*** (-3.97)	-910*** (6.61)
F	498	431	443	510
R^2	0.816	0.812	0.813	0.803

表 9-4　LR 检验

门槛变量	以人均收入为门槛变量	95%的置信区间	以工业比重为门槛变量	95%的置信区间
第一门槛值	5940	(4080,6220)	0.374	(0.371,0.388)
第二门槛值	12375	(12235,13400)	0.602	(0.591.0.616)

由图 9-1 可知,以城市居民人均可支配收入为门槛变量,两个门槛点 95%的置信区间分别为(4080,6220)和(12235,13400)。以工业比重为门槛变量,两个门槛点 95%的置信区间分别为(0.371,0.388)和(0.591,0.616)。两个变量门槛点的置信区间都在一个相对狭窄的范围内,因此可以判断门槛点的实际值和真实值一致。

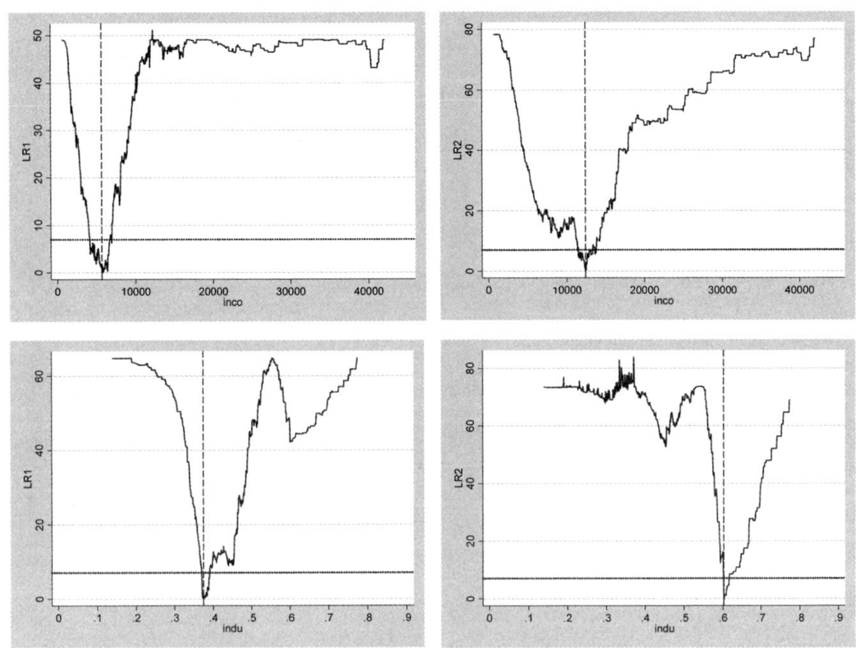

图 9-1　居民收入和工业比重 LR 检验

（四）脉冲响应函数的构造与结论

以上是城市化同能源消费的长期门槛效应关系，各门槛变量通过城市化影响能源消费。为检验各项因素对于能源消费的直接效应，本书建立了加入变量滞后项的 VAR 模型，研究各变量的即期单位变化对于能源消费的冲击力度与延续模式，从而使研究框架更加完整直观。以下是各自变量对于能源消费的脉冲函数图，影响时期设为 20 年，首先能源消费受到城市化一个单位的正向冲击后，将会不断上升到第 9 期达到最高值，然后开始逐渐回落。人均收入对于能源消费的正向冲击则主要表现在前期，前两期迅速上升达到最大值之后即开始快速回落，末期趋近于零值。城市人口密度变化对于能源消费的冲击为负向，负向冲击逐渐扩大并在第 10 期达到最大值后趋于稳定。工业化的单位变化会对能源消费产生正向冲击，在第 4 期达到最大值后开始减弱并在末期趋于稳定。从脉冲

图9-2可以发现,收入增长对于能源消费的正向冲击较为迅速,但后期维持力度较弱。城市化对于能源消费的影响较慢,需要逐渐积累才达到最高值,但是冲击效果最为显著且维持时间较长。工业化的正向冲击较为迅速并且后期呈稳定趋势,人口密度则对能源消费产生负向冲击,并在后期逐渐减退。工业化影响迅速且显著的结论同以往学者相一致,作为制造业大国,能源消费也同工业生产联系最为密切。城市化的作用具有一定的滞后期的原因在于人口流入城市只有经过一定时间的积累,投入相应的生产生活才会对能源消费产生拉动作用。能源消费对收入增长的冲击最为敏感,收入增加意味着更多的生活能源消耗量,然而作用主要体现在前期,后期的影响累积效应要弱于城市化和工业化。

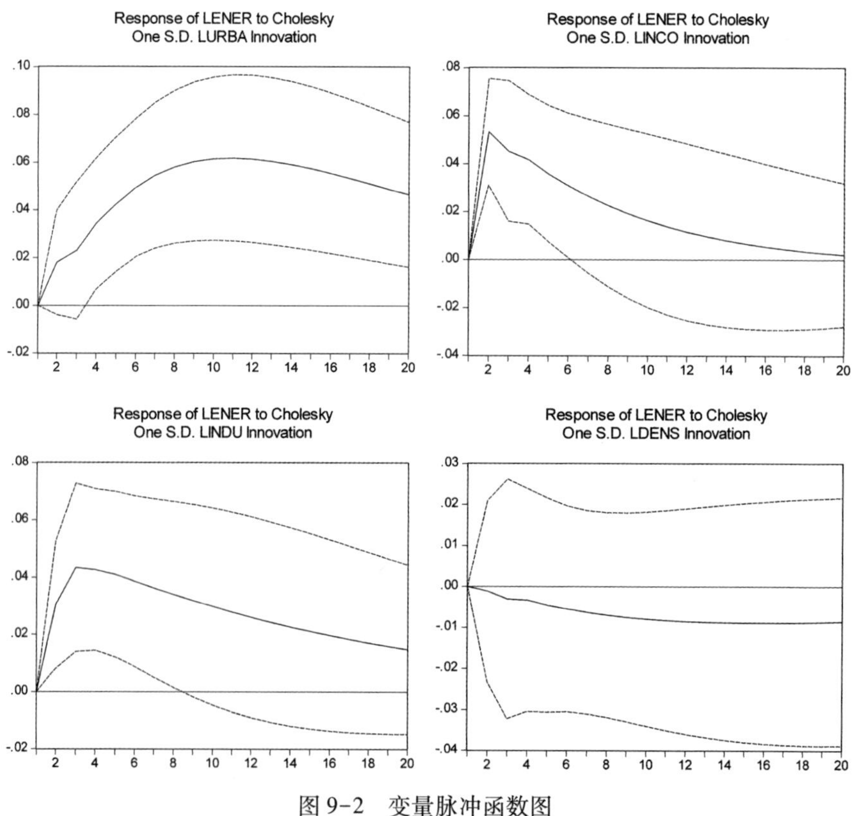

图9-2　变量脉冲函数图

（五）能源消费预测分析

这一部分的变量较多且一些变量如城镇居民人均可支配收入和人均国民产出之间具有较强的相关性。因此，在预测模型中只选取了关键的门槛变量，具体包括城市化率、城镇居民人均可支配收入、工业份额、城市人口密度。根据门槛回归结果，城镇居民收入和工业化指数为门槛变量存在两个门槛点，城镇居民人均可支配收入过了门槛点之后系数依次增加，因此变化曲线较为陡峭，在预测模型中这个变量最高取 3 次项。工业化有倒 U 型曲线形态，因此最高取 2 次项，城市化率和人口密度分别存在一个和零个门槛点，因此变量各取一次项，模型检验的结果城市居民人均收入 2 次项不显著，因此预测模型剔除该项后重新回归，结果如表 9-5 各变量系数均显著，且拟合优度可以达到 0. 8 以上（变量系数见表 9-5），进一步说明了假设预测模型具备一定的合理性。最高次项系数均为负验证了：工业化和人均收入与能源消费均倒 U 型的变化关系。上文中人均收入过门槛点后系数继续变大，证明当前还处于倒 U 型左侧的能源消费快速上升阶段。

$$ene = \gamma_1 urb + \gamma_2 inc^3 + \gamma_3 inc + \gamma_4 den + \gamma_5 ind^2 + \gamma_6 ind + \mu \tag{9-13}$$

城镇居民人均可支配收入 2015 年前年均可增长 7. 5%，结合我国较长一段时间内经济结构转型的目标及世界经济较缓慢的复苏趋势，预计 2015—2020 年和 2020—2025 年年均增长 7%。中科院地理资源所《中国城市化进程及资源环境保障报告》预测未来我国城市化率年均提高 1%，2015 年达到 55%，2020 年达到 60%，2030 年达到 65%。由于城市化过程中大量人口涌入城市，同时城区建设面积也会随之扩张，2002—2012 年我国城市人口年均增长 4%，如果城市人口增长维持该速度不变，在土地集约利用和紧凑型城市建设的政策指导下，城市土地面积年均增长 3%，则城市人口密度每五年将增加 5%。服务是未来经济发展方向，也是带动城市化向更高层次演进的动力，发达国家服务业比重在 60%—80%不等，如果我国服务业比重在“十三五”期间仍然提高 5%到 52%，在“十四五”期间提高 6%，由于第一产业份额基数较小今后每五年下降 1 个百分点，则我国 2015 年、2020 年、2025 年工业的比重分别为 44%、40% 和 35%，将以上数据代入预测方程，则我国 2015 年、2020 年、2025 年的人均能源消费量如表 9-6 所示，到 2015 年、2020 年、2025 年我国人均能源消费量预计分别是 3. 45、4. 22、4. 93 吨，由此可知我国未来能源消费压力仍然较大，特别是在 2020 年以前。

表 9-5　能源预测系数表

变量	urb	inc	inc^3	den	ind	ind^2	coef
系数	15. 07	1248	-13. 7	-0. 11	63. 5	-0. 43	-1667
t 值	6. 36	16. 8	-3. 01	-3. 12	3. 7	-2. 91	-5. 44
p 值	0. 00	0. 00	0. 00	0. 00	0. 00	0. 01	0. 00

表 9-6　能源预测结果

年份	2015	2020	2025
Urb(%)	55	60	65
nc(2000 年为基期)	2. 01	2. 78	3. 77
Den(人/Km^2)	390	409	429
Ind(%)	44	40	35
人均能耗(吨)	3. 45	4. 22	4. 93

三、结论与政策建议

在分析国内外能源消费与城市化关系的基础上建立了二者之间的门槛模型，检验结果同理论分析基本一致，城市化对于能源消费有正向作用，当城市化率跨越 0. 44 门槛值之后，能源消费会呈现加速上涨的趋势。

收入的提高同样会增加人均能源消费量，且收入分别跨越 5940 元和 12375 元两个门槛值之后，城市化对与能源消费的拉动作用会加剧，生产机械化水平的提高和居民生活消费的升级都会显著带动能源增长。将工业比重作为门槛变量同样存在两个门槛值，有所不同的是，工业比重跨越第二个门槛值之后，城市化对于能源消费的拉动作用将减弱，也就是随着生产技术水平的提高和规模效应的发挥，抑制能源消费增长的因素将逐渐凸显。脉冲函数结果表明，城镇居民收入水平和工业份额的增加的提高对城市能源消费有较为迅速的冲击作用，但是收入后期作用的持续性较弱。城市化对于能源消费的冲击存在一定的滞后效应，但后期拉动作用较强。人口密度的提高则会对能源消费形成负向冲击。预测分析结果表明随着城市化的不断推进，我国未来仍面临着较大的能源消费压力，人均收入和工业化同能源消费之间都存在倒 U 型趋势，我国当前还处于倒 U 型的左端。

化解城市化与能源消耗之间的矛盾，实现经济、人口、资源环境可持续发展是管理和学术界共同研究的问题，普遍的观点是制度改革与技术创新如增加资源税、设立环保费、提高能源效率、改变消费习惯、鼓励公交优先、实施建筑节能是城市节能采取的有效途径。同时产权的清晰界定和资源税的征收有助于能源节约利用。针对我国的具体情况，首先，需要控制人均收入及城市化达到一定水平之后，由于消费的增长而引发的能源消耗量急剧增加，可采用的方案有实行阶梯能源价格、征收燃油税、推广公共交通及新能源汽车等，同时要强化宣传教育，倡导文明节俭的消费方式。其次，需要重点提高产业技术水平，优化产业结构。对于工业化水平尚低不具备规模效应的城市，要提高产业集中度和生产技术水平，使技术优势及集聚优势充分发挥；以产业链为载体大力推广循环经济，实现低耗能、清洁型生产；逐步转变经济增长方式，增加科技型、服务型产业的份额，降低生产过程对于能源消费的依赖度。最后，采取“大中小城市协调发展”的战略，实现对土地及能源的集约化利用。适当提高中小城市的人口集中度，通过设施共享与能源结构优化降低能源消耗总量。对于人口集中度高的特大型城市采取结构化疏散与集中并举的策略,实施更为合理的土地、税收、城市规划政策,避免人口过分集中产生的规模不经济。同时需要加大电网、石油天然气管道等能源基础设施建设投资,减少能源耗损率,提高城市中高效、清洁化能源的消费份额。

参考文献

一、著作类

1.《马克思恩格斯全集》第30卷,人民出版社1976年版。

2.《马克思恩格斯选集》第4卷,人民出版社1995年版。

3. 朱启贵:《可持续发展评估》,上海财经大学出版社1999年版。

4. 耿明斋等:《中原经济区现代化之路》,人民出版社2012年版。

5. 李宏伟:《马克思主义生态观与当代中国实践》,人民出版社2015年版。

6. 朱源:《国际环境政策与治理》,中国环境出版社2015年版。

7. 刘春兰等:《世界城市空气污染治理与空气质量管理研究》,化学工业出版社2016年版。

8. 陈彬:《农村家庭生活能源消费研究》,经济管理出版社2016年版。

9. 范必:《中国能源市场化改革》,中信出版社2018年版。

10. 中国国际经济交流中心:《中国可持续发展评价报告》(2019),社科文献出版社2019年版。

11. 董仲舒:《春秋繁露》(中华经典名著全本全注全译丛书),张世亮、钟肇鹏、周桂钿译注,中华书局2018年版。

12. Daly H.E., Cobb J.B.J., "For the Common Good: Redirecting the Economy Toward Community, the Environment, and a Sustainable Future", Boston, MA, USA: Beacon Press, 1989.

13. Grossman G.,"Helpman, E. Innovation and Growth in the Global Economy",Cambridge,MA:MIT Press London,1991.

14. Burgess R.,"The Compact City Debate:A Global Perspective",Harvard University Press,New York,2000.

二、论文类

1. 林伯强:《中国能源需求的经济计量分析》,《统计研究》,2001 年第 10 期。

2. 林毅夫、张鹏飞:《适宜技术、技术选择和发展中国家的经济增长》,《经济学(季刊)》,2006 年第 3 期。

3. 甘琳、申立银、傅鸿源:《基于可持续发展的基础设施项目评价指标体系的研究》,《土木工程学报》,2009 年第 11 期。

4. 鞠晓伟、赵树宽:《产业技术选择与产业技术生态环境的耦合效应分析》,《中国工业经济》,2009 年第 3 期。

5. 甘琳、申立银、傅鸿源:《基于可持续发展的基础设施项目评价指标体系的研究》,《土木工程学报》,2009 年第 11 期。

6. 吕振东、郭菊娥、席酉民:《中国能源 CES 生产函数的计量估算及选择》,《中国人口·资源与环境》,2009 年第 4 期。

7. 梁朝晖:《城市化不同阶段能源消费的影响因素研究》,《上海财经大学学报》,2010 年第 5 期。

8. 戴天仕、徐现祥:《中国的技术进步方向》,《世界经济》,2010 年第 11 期。

9. 曹斌、林剑艺、崔胜辉:《可持续发展评价指标体系研究综述》,《环境科学与技术》,2010 年第 3 期。

10. 杨丹辉、李红莉:《基于损害和成本的环境污染损失核算——以山东省为例》,《中国工业经济》,2010 年第 7 期。

11. 陆雪琴、章上峰:《技术进步偏向的定义及测度》,《数量经济技术经济研究》,2013 年第 8 期。

12. 陈彦斌、陈伟泽等:《中国通货膨胀对财产不平等的影响》,《经济研究》,2013 年第 8 期。

13. 傅晓霞、吴利学:《技术差距、创新路径与经济赶超——基于后发国家的内生技术进步模型》,《经济研究》,2013 年第 10 期。

14. 张自然等:《1990~2011 年中国城市可持续发展评价》,《金融评论》,2014 年第 5 期。

15. 黄训江:《生态工业园生态链网建设激励机制研究——基于不完全契约理论的视角》,《管理评论》,2015 年第 6 期。

16. 祁毓、张靖妤:《生态治理与全球环境可持续性指标评述》,《国外社会科学》,2015 年第 6 期。

17. 王俊、刘丹:《政策激励、知识累积与清洁技术偏向——基于中国汽车行业省际面板数据的分析》,《当代财经》,2015 年第 7 期。

18. 李经纬、刘志锋、何春阳:《基于人类可持续发展指数的中国 1990—2010 年人类—环境系统可持续性评价》,《自然资源学报》,2015 年第 7 期。

19. 邸玉娜:《中国实现包容性发展的内涵、测度与战略》,《经济问题探索》,2016 年第 2 期。

20. 郭存芝、彭泽怡、丁继强:《可持续发展综合评价的 DEA 指标构建》,《中国人口 · 资源与环境》,2016 年第 3 期。

21. 黄志烨、李桂君、李玉龙等:《基于 DPSIR 模型的北京市可持续发展评价》,《城市发展与研究》,2016 年第 9 期。

22. 檀菲菲:《中国三大经济圈可持续发展比较分析》,《软科学》,2016 年第 7 期。

23. 杨天荣、匡文慧、刘卫东等:《基于生态安全格局的关中城市群生态空间结构优化布局》,《地理研究》,2017 年第 3 期。

24. 臧鑫宇、王峤、陈天:《生态城绿色街区可持续发展指标系统构建》,《城市规划》2017 年第 10 期。

25. 何砚、赵弘:《京津冀城市可持续发展效率收敛性及影响因素研究》,《当代经济管理》,2018 年第 2 期。

26. 鲁圣鹏、李雪芹、刘光富:《生态工业园区产业共生网络形成影响因素实证研究》,《科技管理研究》,2018 年第 8 期。

27. 马双、王振:《长江经济带城市绿色发展指数研究》,《上海经济》,2018 年第 5 期。

28. 王少剑、苏泳娴、赵亚博:《中国城市能源消费碳排放的区域差异、空间溢出效应及影响因素》,《地理学报》,2018 年第 3 期。

29. 张晓彤、姚娜、张茜:《构建国家可持续发展实验区评估工具的研究》,《中国人口·资源与环境》,2018 年第 9 期。

30. 孟斌、匡海波、骆嘉琪:《基于显著性差异的经济社会发展评价指标筛选模型及应用》,《科研管理》,2018 年第 11 期。

31. 刘航、温宗国:《环境权益交易制度体系构建研究》,《中国特色社会主义研究》,2018 年第 4 期。

32. 潘家华:《新中国 70 年生态环境建设发展的艰难历程与辉煌成就》,《中国环境管理》,2019 年第 4 期。

33. 张丽华、叶炜:《城市化能否减少居民交通能源消费?——基于中国城镇住户调查微观数据的分析》,《财经论丛》,2019 年第 6 期。

34. 周正祥、毕继芳:《长江中游城市群综合交通运输体系优化研究》,《中国软科学》,2019 年第 8 期。

35. Frosch R.A., Gallopoulos N.E., "Strategies for Manufacturing", *Scientific American*, 1989, No.4.

36. Romer P., "Endogenous Technological Change", *Journal of Political Economy*, 1990, No.98.

37. Chambers R., "Participatory Rural Appraisal PRA: Analysis of Experience". *World Development*, 1994, Vol.22, No.9.

38. Parikh J. and Shukla V., "Urbanization, Energy Use and Greenhouse Effects in Economic Development", *Global Environmental Change*, 1995, No.5.

39. Capello R., Camagni R., "Beyond Optimal City Size: An Evaluation

of Alternative Urban Growth Patterns", *Urban Studies*, 2000, Vol.37, No.9.

40. Bell S., Morse S., "Experiences With Sustainability Indicators and Stakeholder Participation: A Case Study Relating to a Blue Plan Project in Malta", *Sustainable Development*, 2004, No.12.

41. Heeres R., "Vermeulen W.J. Eco-industrial Park Initiatives in the USA and the Netherlands: First Lessons", *Cleaner Production*, 2004, No.12.

42. Fox J., Nino-Murcia A., "Status of Species Conservation Banking in the United States", *Conservation Biology*, 2005, Vol.19, No.4.

43. Reed M.S., Fraser E.D.G., Morse S., Dougill A.J., "Integratingmethods for Developing Sustainability Indicators that Can Facilitate Learning and Action", *Ecology and Society*, 2005, Vol.10, No.1.

44. Byun D.W., Schere K.L., "Review of the Governing Equations, Computational Algorithms, and Other Components of the Models-community Multiscale Air Quality (CMAQ) Modeling System", *Applied Mechanics Reviews*, 2006, No.59.

45. Acemoglu D., "Equilibrium Bias of Technology", *Econometrica*, 2007, Vol.75, No.5.

46. Chen H., Jia B. and Lau S., "Sustainable Urban Form for Chinese Compact Cities: Challenges of a Rapid Urbanized Economy", *Habitat International*, 2008, Vol.32, No.1.

47. Pachauri, S. and Jiang, L., "The Household Energy Transition in India and China", *Energy Policy*, 2008, No.36.

48. Acemoglu D., Aghion P., "The Environment and Directed Technical Change", *The National Bureau of Economic Research*, 2009, No.10.

49. Dodman D., "Blaming Cities for Climate Change? Analysis of Urban Greenhouse Gas Emissions Inventories", *Environment and Urbanization*, 2009, Vol.21, No.1.

50. UNEP, "Biodiversity Offsets and the Mitigation Hierarchy: A Review

of Current Application in the Banking Sector",2010.

51. Kapp K.W.,"The Foundations of Institutional Economics",Routledge, Press,London,2011.

52. Lehtoranta S.,Nissinen A.,"Industrial Symbiosis and the Policy Instruments of Sustainable Consumption and Production", *Cleaner Production*, 2011,No.19.

53. Sharon B., "Environmental Economics and Ecological Economics: The Contribution of Interdisciplinarity to Understanding, in Uenceand Effectiveness",*Environmental Conservation*,2011,Vol.38,No.2.

54. Shen L.Y.,Jorge O.J.,Shah M.N.,Zhang X.,"The Application of Urban Sustainability Indicators–A Comparison Between Various Practices", *Habitat International*,2011,Vol.35,No.1.

55. Kesidou E., Demire P., "On the Drivers of Eco – innovations: Empirical Evidence From the UK",*Research Policy*,2012,No.41.

56. Poumanyvong,P.,Kanekoa,S.,Dhakalb,S.,"Impacts of Urbanization on National Transport and Road Energy Use:Evidence From Low,Middle and High Income Countries",*Energy Policy*,2012,No.46.

57. Sullivan S., "Banking Nature? The Spectacular Financialisation of Environmental Conservation",*Antipode*,2012,Vol.45,No.1.

58. Goodman J., Salleh A., "The ‘Green Economy’: Class Hegemony and Counter–hegemony",*Globalizations*,2013,Vol.10,No.3.

59. Sadorsky P., "Do Urbanization and Industrialization Affect Energy Intensity in Developing Countries?",*Energy Economics*,2013,Vol.37.

60. Turcu C.,"Re–thinking Sustainability Indicators:Local Perspectives of Urban Sustainability",*Journal of Environmental Planning and Management*, 2013,Vol.56,No.5.

61. Costanzaa R.,Grootb R.,Sutton P.,et al.,"Changes in the Global Value of Ecosystem Services",*Global Environmental Change*,2014,No.26.

62. De-Sherbinin A.,Levy M.A.,Zell E.,et al.,"Using Satellite Data to Develop Environmental Indicators", *Environmental Research Letters*, 2014, No.9.

63. Schiller F., Penn A. S., Bassonc L., " Analyzing Networks in Industrial Ecological-a Review of Social-material Network Analysis",*Journal of Cleaner Production*,2014,No.76.

64. Valentinov V.K., "William Kapp's Theory of Social Costs: A Luhmannian Interpretation",*Ecological Economics*,2014,No.97.

65. Emma R.A., "Gaitan Account of Environmental Ethics", *Environmental Ethics*,2015,Vol.3,No.2.

66. Marletto G., Mameli F., Pieralice E., "Top-down and Bottom-up Testing a Mixed Approach to the Generation of Priorities for Sustainable Urban Mobility",*Journal of Law and Economics*,2015,Vol.46,No.1.

67. Mori K., Yamashita T., "Methodological Framework of Sustainability Assessment in City Sustainability Index(CSI): A Concept of Constraint and Maximisation Indicators",*Habitat International*,2015,Vol.45.

68. Pearce J.L.,Waller L.A.,Mulholland J.A.,et al.,"Exploring Associations Between Multipollutant day Types and Asthma Morbidity:Epidemiologic Applications of Self-organizing Map Ambient Air Quality Classifications",*Environmental Health*,2015,No.14.

69. Aghion P.,Martin R.,Van Reenen J.,"Carbon Taxes,Path Dependency,and Directed Technical Change: Evidence From the Auto Industry", *Journal of Political Economy*,2016.

70. Dempsey J., "Biodiversity Finance and the Search for Patient Capital",*Enterprising Nature*,2016,No.8.

71. Fan Y.,Qiao Q.,Xian C.,Xiao Y.,Fang L.,"A Modified Ecological Footprint Method to Evaluate Environmental Impacts of Industrial Parks",Resources,*Conservation and Recycling*,2017,No.125.

72. Ferreira C.,"The Contested Instruments of a New Governance Regime:Accounting for Nature and Building Markets for Biodiversity Offsets", *Accounting,Auditing & Accountability Journal*,2017,Vol.30,No.7.

73. Klopp J. M., Petretta D. L., "The Urban Sustainable Development goal: Indicators, Complexity and the Politics of Measuring Cities", *Cities*, 2017,No.63.

74. Lützkendorfa T.,alouktsi M.,"Assessing a Sustainable Urban Development:Typology of Indicators and Sources of Information",*Procedia Environmental Sciences*,2017,No.38.

75. Tina T., "From the Anthropocentric to the Abiotic: Environmental Ethics and Values in the Antarctic Wilderness",*Environmental Ethics*,2017, Vol.39,No.1.

76. Arlaud M.,Cumming T.,Dickie I.,et.al.,"The Biodiversity Finance Initiative:An Approach to Identify and Implement Biodiversity-centered Finance Solutions for Sustainable Development", Towards a Sustainable Bioeconomy:Principles,*Challenges and Perspectives*,2018,Vol.21,No.1.

77. Ferreira C.,Ferreira J.,"Political Markets? Politics and Economics in the Emergence of Markets for Biodiversity Offsets",*Review of Social Economy*,2018,No.3.

78. Verma P.,Raghubanshi A.S.,"Urban Sustainability Indicators:Challenges and Opportunities",Ecological Indicators,2018,No.93.

79. Genc O.,Van-Capelleveen G.,Erdis E.,Yildiz O.,Yazan D.M.,"A Socio-ecological Approach to Improve Industrial Zones Towards Eco-industrial parks",*Journal of Environmental Management*,2019,No.250.

80. Monaco R., Negrini G., Salizzoni E., et al., "Inside-outside Park Planning:A Mathematical Approach to Assess and Support the Design of Ecological Connectivity Between Protected Areas and the Surrounding Landscape",*Ecological Engineering*,2020,No.149.

后　　记

从“生态文明”到“城市可持续发展”，该书基本涵盖了作者五年内的研究线路和内容。将生态文明作为研究主题是作者在中国社会科学院做博士后期间确定下来的，从文明的发展进程、生态伦理、生态建设与经济社会之间的联系等理论研究入手，作者翻阅了大量的中外文书籍和文献，为生态文明研究打下理论基础；博士后在站期间，作者师从中国社科院城环所陈洪波、刘志彦老师，在两位老师的指导下，参与完成了生态文明城市建设、节能环保示范城市建设方案等调研项目，对生态文明的内涵和具体要求有了更为深入的认识，也实现了生态文明研究从理论到实践的过渡。

书中撰写了生态文明相关的三个研究专题：生态产业园区建设国际经验研究、生物多样性保护实践进程、多重空气污染治理。这三个专题从国际视野分析了各自领域最新进展和观点，作者也查阅了大量书籍和文献。为防止断章取义，对于特别重要的文献资料作者全文翻译后再编写。这是一项长期和艰苦的工作，得益于我从硕士期间跟着导师任胜钢练下的基本功，逐步养成了阅读、翻译、写作外文的习惯。

城市是人口和经济活动聚集的地区，城市可持续发展也是生态文明重要的实践落脚点。本书后半部分着重分析城市可持续发展的内涵和实践方案，这一部分以中美合作项目和国家社会科学项目为依托。在河南大学中原发展研究院耿明斋和高保中老师的组织下，笔者参与城市可持续发展的中美合作项目，并负责具体事务。在合作进行期间，美方代表哥伦比亚大学地球研究院郭栋教授、Boss 教授对城市可持续发展问卷调研、写作方向给予了很多的支持和帮助,使本书后半部分能够“以小见大”,更加深入透彻地研究城市发展现状和未来方向;作者的跨国理论和实践综述分析也更具有针对性,更能突破以往研究范式发现新问题、新方案。

城市可持续发展不仅应该进行规范研究,探讨是什么,如何创建标准的问题;而且需要实证研究应该怎么办?是什么因素左右着可持续发展目标的实现,以及如何化解矛盾、创建可持续发展的城市?鉴于此,作者未来将在进行城市可持续发展评价的基础上,对关键作用传导机制进行系统实证分析。研究如何通过突破障碍、促进要素合理使用和流动,落实生态文明理念,达到持续发展城市建设目标。

在此感谢上述以及其他未提及的在科研方面帮助过我的老师和朋友!

曹　孜

2020 年 7 月 20 日

责任编辑:刘彦青
封面设计:徐　晖

图书在版编目(CIP)数据

生态文明建设与城市可持续发展路径研究/曹孜 著. —北京:人民出版社,2020.9
ISBN 978 - 7 - 01 - 022493 - 0

Ⅰ.①生…　Ⅱ.①曹…　Ⅲ.①城市-生态文明-文明-建设-研究 ②城市经济-经济可持续发展-研究　Ⅳ.①X321 ②F290

中国版本图书馆 CIP 数据核字(2020)第 178117 号

生态文明建设与城市可持续发展路径研究

SHENGTAI WENMING JIANSHE YU CHENGSHI KECHIXU FAZHAN LUJING YANJIU

曹　孜　著

人民出版社 出版发行
(100706　北京市东城区隆福寺街 99 号)

中煤(北京)印务有限公司印刷　新华书店经销

2020 年 9 月第 1 版　2020 年 9 月北京第 1 次印刷
开本:710 毫米×1000 毫米 1/16　印张:14.75
字数:203 千字

ISBN 978 - 7 - 01 - 022493 - 0　定价:36.00 元

邮购地址 100706　北京市东城区隆福寺街 99 号
人民东方图书销售中心　电话 (010)65250042　65289539